Energie – das Problem
und die Wende

Energie – das Problem und die Wende in Physik, Technik und Umwelt

von

Klaus Stierstadt

unter Mitwirkung von Günther Fischer

1. Auflage

VERLAG EUROPA-LEHRMITTEL · Nourney, Vollmer GmbH & Co. KG
Düsselberger Straße 23 · 42781 Haan-Gruiten

Europa-Nr.: 57808

Der Autor
Prof. Dr. Dr. h.c. Klaus Stierstadt war Professor für Experimentalphysik an der Ludwig-Maximilians-Universität München und zudem lange Jahre in der Lehrerfortbildung tätig.

1. Auflage 2015
Druck 5 4 3 2 1

ISBN 978-3-8085-5780-8

Der Inhalt des Werkes wurde sorgfältig erarbeitet. Dennoch übernehmen Autor und Verlag für die Richtigkeit von Angaben, Hinweisen und Ratschlägen sowie für eventuelle Druckfehler keine Haftung.

http://www.europa-lehrmittel.de

Satz: Birgit Cirksena · Satzfein, 13158 Berlin
Umschlaggestaltung: braunwerbeagentur, 42477 Radevormwald unter Verwendung einer Zeichnung vom Zeichenbüro des Verlages Europa-Lehrmittel, 73760 Ostfildern
Druck: Medienhaus Plump GmbH, 53619 Rheinbreitbach

Inhalt

Vorwort

Das Schlagwort **Energiewende** ist in aller Munde. Der Bürger hat aber oft keine rechte Vorstellung, was Energiewende überhaupt bedeutet und was da auf ihn zukommt. Er weiß nur soviel: Die Devise heißt »weg von den alten Energieträgern« (Kohle, Öl, Gas, Atomkernenergie) und »hin zu den neuen, alternativen« (Sonne, Wind, Wasser, Erdwärme, Gezeiten). Für die alternativen Energien hat sich die Bezeichnung »erneuerbar« eingebürgert. Das ist jedoch irreführend, denn weder die Sonne noch Wind und Wellen sind erneuerbar. Das richtige Wort dafür ist alternativ oder auch nachhaltig.

Fragt man Fachleute, was wir von der Energiewende zu erwarten haben, so bekommt man sehr verschiedene Antworten. Unter den Fachleuten gibt es Atomkraftgegner und -befürworter, Windkraftgegner und -befürworter, Naturschützer, Stromproduzenten, Stromverbraucher, Kohleabbaugegner und -befürworter usw. Je nachdem, mit wem man spricht, kann die Expertenmeinung ganz verschieden ausfallen. Die Energiewende wird teils in den Himmel gelobt, teils verteufelt. Der Laie aber wundert sich, ist verwirrt und weiß nicht, was er glauben soll.

So gibt es zum Beispiel **Energieoptimisten**, die uns sagen, es gäbe noch für lange Zeit genug Erdöl, Kohle und Uran, um die Menschheit ausreichend damit zu versorgen. Die Kernenergie sei sauber und umweltfreundlich und müsse gefördert werden. Dann gibt es die **Energiepessimisten**. Sie versichern uns, dass Erdöl und Gas schon innerhalb einer Generation zu Ende gehen werden. Und sie sagen uns, die Kernenergie sei ein Teufelszeug, das nur die Verbreitung von Atomwaffen begünstigt und das lebensgefährliche Abfälle in großen Mengen produziert (womit sie nicht ganz Unrecht haben). Schließlich gibt es die **Energierealisten**. Sie erklären uns, dass die fossilen Brennstoffe zwar bald aufgebraucht sein werden. Es werden aber immer wieder neue Vorkommen entdeckt, deren Gewinnung allerdings ständig teurer wird, weil sie immer schwerer zugänglich sind: in der Tiefsee, in der Arktis und in der Antarktis. Die Kernenergie sei dagegen schon jetzt zu teuer, wenn man

Entwicklungs- und Entsorgungskosten einbezieht. Daher sollten wir rechtzeitig die Gewinnung von Sonnenenergie betreiben in ihren vielfältigen Erscheinungsformen als Licht, Wärme, Wind, Wasserkraft usw. Denn von der Sonne können wir zehntausendmal soviel Energie beziehen, wie wir brauchen. Im Jahr 2013 haben wir in Deutschland bereits 23,6 Prozent des gesamten Strombedarfs aus alternativen Energiequellen gewonnen.

Die Fachleute vermitteln uns also drei ganz verschiedene Meinungsbilder. Um diesem Dilemma zu entkommen, bedarf es sachlicher und unvoreingenommener Information über das Für und Wider der verschiedenen Aspekte der Energiewende. Und solche Information kann man nur erhalten, wenn man weiß, was Energie eigentlich ist, wodurch sich ihre verschiedenen Erscheinungsformen unterscheiden, wie diese ineinander umgewandelt werden können und welche Grenzen die Natur und ihre Gesetze hierfür festlegen. Das alles kann man in diesem Buch finden.

Es beginnt mit einem Kapitel über die Eigenschaften der Energie, ihre Erscheinungsformen als Licht, Wärme, Bewegung, Elektrizität usw. Hier werden die Umwandlungsmöglichkeiten dieser Energieformen beschrieben, ferner unser Bedarf und unsere Vorräte an energieliefernden Rohstoffen. Dabei kommen auch die negativen Aspekte der heutigen Energietechnik zur Sprache, der Klimawandel und der Atommüll.

Im zweiten Kapitel machen wir uns mit der Sonne näher vertraut. Wir besprechen Art und Menge der Energie, die wir von ihr erhalten können. Die Sonnenenergie ist nach Meinung vieler Experten unser einziger Ausweg aus der Energiekrise. Der Flächenbedarf zu ihrer Nutzung ist recht bescheiden, etwa 1 Prozent der Festlandsfläche.

Bevor wir die verschiedenen Energieformen und ihre Umwandlungsmöglichkeiten im Einzelnen besprechen, müssen wir einen Ausflug in die Physik machen. Wir erfahren im dritten Kapitel, was die in der Energietechnik ständig benutzten Begriffe Temperatur, Wärme und Entropie bedeuten. Wenn wir das verstanden haben, dann wissen wir mehr als die triviale Feststellung: »Wenn man Wärme zuführt, dann steigt die Temperatur«. Wir wissen dann nämlich, warum sie steigt. Also keine Angst vor den Formeln! Sie geben nur all jenen, die Muße und Zeit aufwenden wollen, die Gelegenheit, das Gelesene nachzurechnen.

Den Argumenten kann man auch folgen, wenn man die Formeln einfach überliest.

Das vierte Kapitel bildet den Hauptteil des Buches. Hier werden die wichtigsten Methoden und Geräte zur Umwandlung der verschiedenen Energieformen ineinander besprochen. Das reicht von Windmühlen und Wasserrädern bis hin zu den modernen Automotoren und Solarzellen, zum Kühlschrank und zum Düsentriebwerk. Hier werden nicht nur die Funktionen der einzelnen Energiewandler erklärt, sondern vor allem auch ihr jeweiliger Wirkungsgrad, das heißt, ihr praktischer Nutzen. Auch werden die Beschränkungen besprochen, die der Energieumwandlung von den Naturgesetzen auferlegt sind.

Nachdem wir die modernen Energieumwandlungs-Methoden kennengelernt haben, vergleichen wir sie im fünften Kapitel hinsichtlich ihrer Wirkungsgrade sowie ihrer ökonomischen und ökologischen Vor- und Nachteile. Außerdem besprechen wir hier die verschiedenen Möglichkeiten für das Speichern und den Transport von Energie.

Im sechsten Kapitel behandeln wir die Energieumwandlung in Lebewesen. Hier betrachten wir die beiden wichtigsten Methoden, welche die Natur dafür entwickelt hat, die Photosynthese in den Pflanzen und die Muskelbewegung der Tiere. Diese Prozesse gehören zwar bis heute noch nicht zu unserem eigentlichen Thema, der Energiewende. Wir widmen ihnen trotzdem ein Kapitel, weil sie uns vermitteln, »wie die Natur es macht«, und weil wir heute versuchen, das technisch nachzuvollziehen. Wir werden sehen, dass die Energiewandler in der belebten Natur einen ganz anderen Aufbau haben als diejenigen der Technik. Während letztere aus mechanisch oder elektrisch konstruierten makroskopischen Geräten bestehen, handelt es sich bei den natürlichen Wandlern um chemische Prozessketten. Die »Geräte« sind hier molekulare Maschinen, mikroskopische Gebilde von Nanometer bis Mikrometer Größe.

Resümee: Wer dies alles gelesen und größtenteils verstanden hat, der kann beruhigt in jede Diskussion mit Fachleuten gehen. Weder die Energieoptimisten noch die Energiepessimisten können ihm dann noch etwas vormachen. Der Autor will sich den Energierealisten zuordnen, was in diesem Buch zum Ausdruck kommen wird.

Noch ein Wort zum Buch: Es enthält viele Zahlen. Sie entstammen Hunderten verschiedener Quellen. Dabei findet man große Abweichungen voneinander. Das hat zwei Gründe, einen sachlichen und einen unsachlichen. Der sachliche beruht auf der Notwendigkeit von Annahmen und Schätzungen für viele Angaben, vor allem für großräumige und weltweite Mittelwerte. Der unsachliche beruht auf der teilweisen Voreingenommenheit von Experten, deren Zahlen dann manchmal entsprechend frisiert sind. Ich habe mich bemüht, die zuverlässigsten Zahlen herauszusuchen, die ich finden konnte. Beim Vergleich mit den Quellen wird man aber Abweichungen von bis zu 30 Prozent und mehr für manche Werte finden. Das liegt in der Natur der Sache.

Mein Dank: Günther Fischer hat diesem Buch in jeder Phase seiner Entstehung mit wertvollen Ideen zur Vollendung verholfen. Bernd Schöne hat den gesamten Text gelesen und mit konstruktiver Kritik zu seiner Verbesserung beigetragen. Hermann Gaub hat besonders das Kapitel über die biologischen Energiewandler begutachtet und mir wertvolle Einsichten in die biologischen Vorgänge vermittelt. Jochen Bard und Michael Specht haben bei der Beschaffung von Abbildungen geholfen, Matthias Tischler bei der EDV. Klaus Horn vom Verlag hat den gesamten Text kritisch durchgesehen und mit zahlreichen Verbesserungsvorschlägen für eine gute Lesbarkeit gesorgt. Ihnen allen sei herzlich gedankt.

Klaus Stierstadt

Fragen, Kommentare und Anregungen senden Sie bitte an:

Autoren und Verlag Europa-Lehrmittel
Nourney, Vollmer GmbH & Co. KG
Düsselberger Straße 23
42781 Haan-Gruiten
lektorat@europa-lehrmittel.de
http://www.europa-lehrmittel.de

Kapitel 1
Das Energieproblem

Nutzbare Energie gibt es weltweit zu wenig und sie ist für viele Menschen zu teuer. Um diese »Energiekrise« zu meistern, vollziehen einige Länder eine Energiewende: Weg von den heute genutzten Energiequellen und hin zur Sonne, das heißt zur Sonnenenergie in all ihren Erscheinungsformen. Die Verantwortlichen reden zumindest darüber. Damit wir mitreden können, liefert das erste Kapitel Antworten auf einige grundlegende Fragen: Was ist Energie überhaupt? In welcher Form kann sie auftreten und welche Möglichkeiten gibt es, diese Energieformen ineinander umzuwandeln? Wie hoch ist der Energiebedarf heute und wie wird er sich bis zur Mitte des Jahrhunderts aufgrund des Bevölkerungswachstums entwickeln? Wie wirkt sich der steigende Pro-Kopf-Bedarf der Menschen in den Entwicklungs- und Schwellenländern aus? Wie lange reichen die gesicherten Vorräte des Reaktorbrennstoffs Uran und der fossilen Brennstoffe Kohle, Öl und Gas noch? Lassen sich in Zukunft durch neue Methoden – Stichwort Fracking – noch weniger ergiebige Quellen ausbeuten? Wie wirkt sich das bei der Verbrennung fossiler Brennstoffe entstehende Kohlendioxid auf das Klima aus? Was machen wir mit den in den Kernkraftwerken anfallenden radioaktiven Abfällen, dem »Atommüll«? Könnten Methoden der Energieumwandlung, die heute noch im Versuchsstadium sind, wie zum Beispiel die kontrollierte Kernfusion, das Energieproblem lösen?

1.1 Energiewende und Energieformen

Die **Energiewende** ist zu einem politischen Schlagwort geworden, nicht nur bei uns, sondern weltweit. Warum ist das so und was versteht man darunter? Wie einleitend schon gesagt, bedeutet Wende eine Umkehr: Bisher haben wir unsere Energie hauptsächlich aus Kohle, Erdöl und Erdgas bezogen. Das soll anders werden, und wir werden in Zukunft stattdessen die Sonne, den Wind und das Wasser nutzen, um unseren Energiehunger zu stillen – ergänzt noch durch etwas Erdwärme.

Die Energiewende ist aus drei Gründen notwendig. Erstens: Die Vorräte aus fossilen Energiequellen, Kohle, Öl und Erdgas, gehen allmählich zu Ende. Zweitens: Der Klimawandel, verursacht durch das Verbrennen dieser Vorräte, führt zur Erwärmung unserer Umwelt und als Folge davon zu Klimaverschiebungen, zu einem Anstieg des Meeresspiegels und zum Verlust von Lebensraum. Der dritte Grund liegt in den Gefahren, die von der Kernenergienutzung ausgehen. Das sind Reaktorunfälle und die ungelöste Entsorgungsfrage für radioaktive Abfälle. Um diesen Gefahren aus dem Weg zu gehen, wäre es notwendig, bei der Energiegewinnung von den fossilen Brennstoffen und vom Uran wegzukommen und stattdessen die Sonnenenergie in all ihren Erscheinungsformen zu nutzen, als Strahlung, Wind, Wasserkraft usw.

Allerdings ist eine solche Wende politisch schwer durchsetzbar. Mächtige finanzielle Interessen stehen dem entgegen. Man denke an die Gewinne der Ölindustrie, der Kernindustrie und der großen internationalen Energiekonzerne. Oder man denke an den schon beschlossenen, dann wieder aufgehobenen und dann erneut beschlossenen Atomausstieg in Deutschland. Auch in Japan herrscht nach der Fukushima-Katastrophe große Unsicherheit bezüglich der Zukunft der Energieversorgung. Die Regierung möchte die Kernenergie weiter nutzen, die Bevölkerung ist dagegen.

Was ist Energie?

Bevor wir das Problem weiter diskutieren, sollten wir zunächst wissen, was Energie eigentlich ist. Jeder von uns hat eine bestimmte Vorstellung davon, doch wenn man danach fragt, dann tun sich selbst Experten, Physiker und Ingenieure, schwer, die Energie zu erklären. Das ist kein Wunder, denn **Energie** kommt in einer großen Zahl verschiedener **Erscheinungsformen** vor: Wärmeenergie, Lichtenergie, mechanische, elektrische und chemische Energie, Kernenergie, Sonnenenergie usw. Eine der einfachsten Definitionen für die Energie kennen wir aus der Schule: »Energie ist die Fähigkeit, Arbeit zu leisten«. So ist zum

Beispiel Muskelenergie die Fähigkeit, ein Gewicht zu heben. Eine andere Definition wäre: »Energie ist alles, was in Wärme verwandelt werden kann«; zum Beispiel Elektrizität im Heizofen, Benzin im Automotor, Kernenergie im Reaktor. Befriedigend ist dies alles nicht, denn es wird keine der Energie innewohnende Eigenschaft als allgemein verbindliches Kennzeichen genannt. Aber so ein Kennzeichen gibt es eben nicht, wie schon der große Physiklehrer Richard Feynman (1918–1988) erklärt hat. Wir müssen uns also damit begnügen, die Energie durch die Fülle ihrer Erscheinungsformen zu charakterisieren (s. Abb. 1.1). Die Natur tut uns nicht den Gefallen, unserem Erklärungsbedürfnis auf bequemere Weise entgegen zu kommen.

Erscheinungsformen der Energie und ihre Umwandlung

Nachdem wir nun wissen, was Energie ist, wollen wir ihre Erscheinungsformen näher kennenlernen. Dazu betrachten wir die Abbildung 1.1. In der obersten Reihe stehen die **primären Energieformen**. Das sind die »Quellen«, aus denen alle anderen in Natur und Technik vorkommenden Erscheinungsformen abgeleitet sind bzw. aus denen diese entstehen können. In den einfach rechteckig umrahmten Feldern stehen die wichtigsten **sekundären Energieformen**. Und in den ovalen Feldern stehen die wichtigsten **Energiewandler,** mit denen eine Energieform in eine andere transformiert werden kann. Die Energieumwandlung in Lebewesen geschieht, abgesehen von den beiden in der Abbildung skizzierten Prozessen Photosynthese und Muskeln, mittels einer Fülle enzymatisch geregelter Redoxvorgänge im Inneren der organischen Zellen. In Abbildung 1.1 erkennen wir schon die zentrale Rolle, welche die Wärme bei der Energieumwandlung spielt. (In der Physik spricht man bei der Wärme oft von thermischer Energie.) Sie ist das Bindeglied zwischen den Primärenergien und den beiden sekundären Formen, Bewegung und Elektrizität. Sie ist auch, wie der Name sagt, die zentrale Größe der Thermodynamik, wie wir im Kapitel 3 sehen werden. In der Abbildung 1.1 gehören die häufig genannten fossilen Energien Kohle, Erdöl und Erdgas zur chemischen Energie, die sich aus der Sonnenenergie entwickelt hat. Schon hier sei gesagt, dass man viele Energieformen voll-

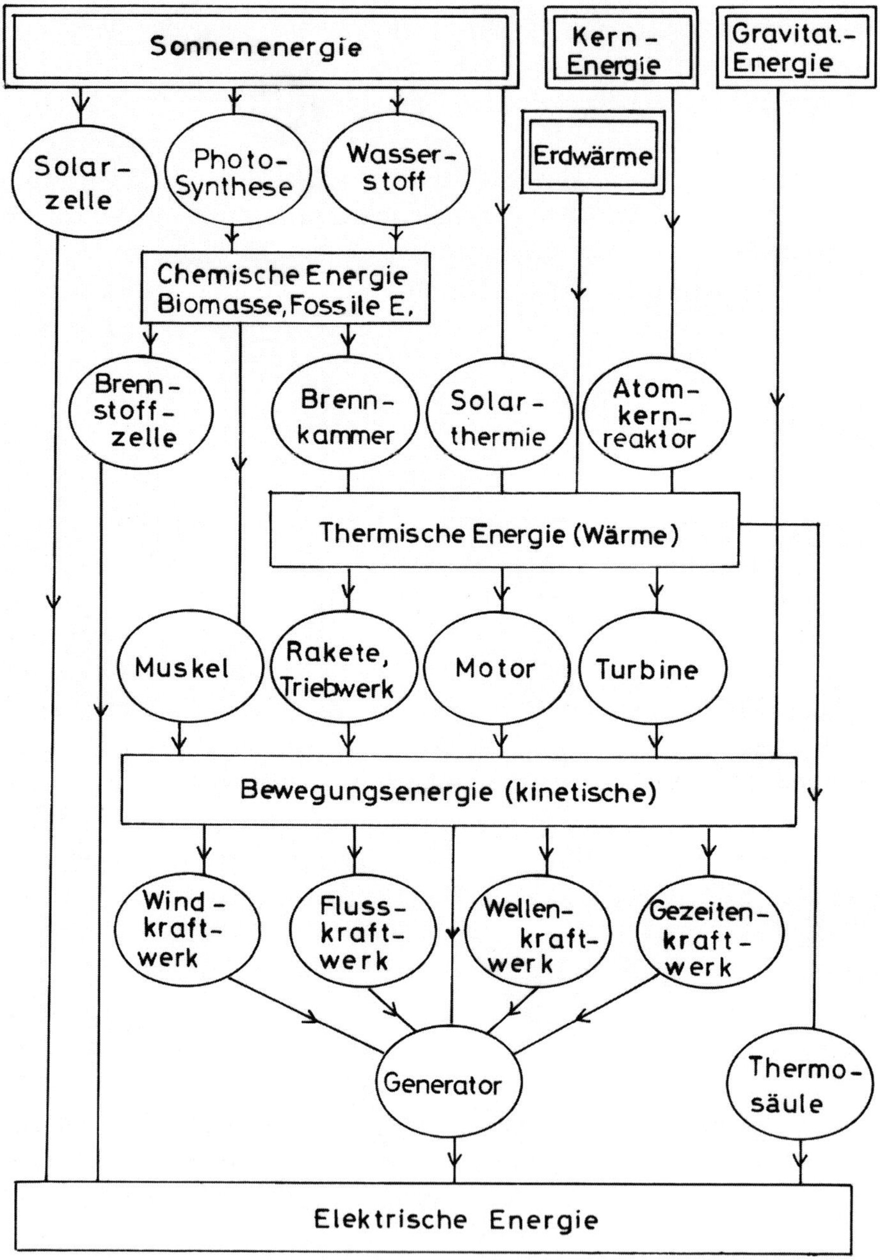

Abb. 1.1 Energieformen (im Rechteck) und Energiewandler (im Oval). Die primären Energiequellen sind doppelt eingerahmt. Hier sind nur die Umwandlungen von oben nach unten dargestellt.

ständig ineinander umwandeln kann. Das gilt aber nicht für die Wärme. Sie lässt sich nicht vollständig in andere Formen transformieren und das ist für die Technik der Energiewandler sehr wichtig. In der Abbildung 1.1 sind der Übersichtlichkeit halber nur die Umwandlungen von oben nach unten dargestellt, von den Primärenergien zu den Nutzenergien. In vielen Fällen gibt es aber auch das Umgekehrte, zum Beispiel beim Elektromotor die Umwandlung von elektrischer in Bewegungsenergie, bei der Elektroheizung von elektrischer in thermische Energie usw.

Energieerhaltung

Wir müssen hier zunächst eine ganz wichtige Eigenschaft der Energie ansprechen: *Energie kann man weder erzeugen noch vernichten.* Das ist der **Energieerhaltungssatz** der Physik. Man kann Energie immer nur von einer ihrer Erscheinungsformen in eine andere umwandeln. Die Menge der Energie bleibt dabei immer dieselbe. Das ist ähnlich wie beim Geld; man kann dieselbe Menge in Münzen oder in Scheinen haben oder in Forderungen oder in Guthaben. Selbst wenn ich das Geld nicht mehr selbst besitze, ist es nicht weg, sondern es gehört eben jemand anderem. Der Ausdruck »Energieverbrauch« ist also falsch. Energie wird nicht *verbraucht,* sondern immer nur *gebraucht,* nämlich zum Beispiel als elektrische Energie oder als Bewegungsenergie. Bei diesem Gebrauch entsteht dann eine äquivalente Menge anderer Energieformen, Licht oder Wärme oder mechanische Energie.

Energie-Einheiten

Um mit Energie umgehen zu können, müssen wir sie quantifizieren; wir brauchen ein Maß dafür. Energie wird heute allgemein in **Joule** gemessen (abgekürzt J), benannt nach James P. Joule (1818–1889). Um eine Vorstellung von der Größenordnung von Energiemengen zu bekommen, betrachten wir ein paar Beispiele: Machen wir eine Kniebeuge, so brauchen wir dafür ca. 100 Joule. Diese werden in unseren Muskeln von chemischer Energie in Bewegungsenergie umgewandelt (s. Abschn. 6.2).

Ein Fahrstuhl, der vier Personen zehn Meter hoch befördert, braucht dafür etwa 30 000 Joule (30 Kilojoule, kJ). Um einen Liter Wasser von 20 °C bis zum Sieden zu erhitzen, braucht man 336 Kilojoule. Eine 100-Watt-Glühbirne benötigt in einer Stunde 360 Kilojoule elektrische Energie; und die kosten den Endverbraucher etwa 2 Cent.

Außer der Energie werden wir im Folgenden auch oft die **Leistung** betrachten. Das ist das Verhältnis aus Energie und der Zeit, während der diese Energie gebraucht wird. Die Leistung hat die Einheit Joule pro Sekunde (J/s) oder Kilojoule pro Stunde (kJ/h) usw. Man misst die Leistung in **Watt**, abgekürzt W (nach James Watt, 1736–1819), also 1 W = 1 J/s. Machen wir zum Beispiel 20 Kniebeugen in einer Minute, so leisten wir 33 Watt. Eine elektrische Kochplatte oder ein Bügeleisen leistet 1500 Watt (1,5 Kilowatt, kW), ein Personenkraftwagen leistet etwa 100 Kilowatt und ein großes Elektrizitätswerk 1 Gigawatt (GW, Milliarde Watt). Ein elektrischer Schnellzug braucht etwa 4 Megawatt (MW, Millionen Watt) Leistung, das sind 4 Millionen Joule pro Sekunde (s. auch Abb. 1.6). Diese kosten etwa 10 Cent; pro Stunde sind das 360 Euro.

Das Energieproblem

Wir müssen nun fragen, warum Energie oft so knapp ist. Warum haben viele Menschen zu wenig davon, andere aber zuviel? Das kommt daher, weil wir nicht an jedem Ort, zu jeder Zeit und zu einem erschwinglichen Preis die gerade benötigte *Form* der Energie zur Verfügung haben. Wenn man sich in die Sonne legt, wird man warm, aber nicht satt. Wenn man Benzin verbrennt, gibt das Licht und Wärme, aber noch keine Bewegung. Wenn man Atomkerne spaltet, erhält man Wärme, aber noch keine Elektrizität. Hier haben wir offenbar ein Umwandlungs- und ein Verteilungsproblem vor uns. Denn Energie hätten wir mehr als genug, nämlich von der Sonne, wie wir später sehen werden. Aber wir nutzen diese Energie noch nicht genug und wir haben eben nicht überall die gerade benötigte Erscheinungsform der Energie zur Verfügung.

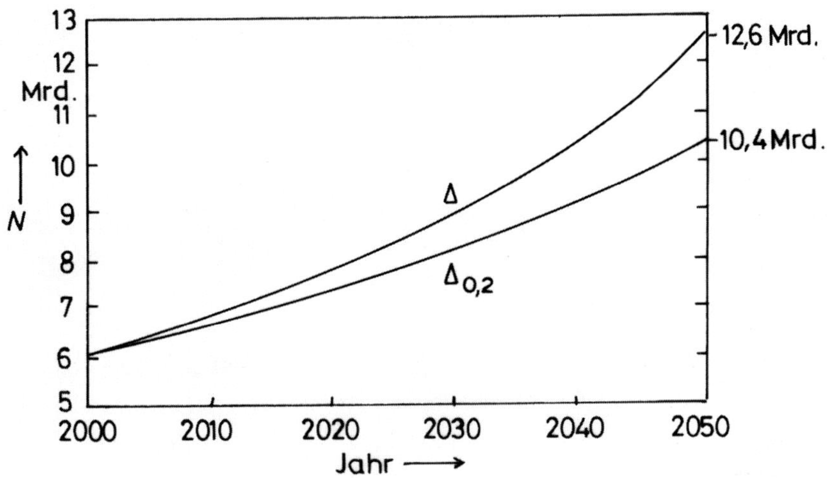

Abb. 1.2 Bevölkerungsentwicklung der Welt in den kommenden Jahren. *N* ist die Anzahl der Menschen in Milliarden. Die Kurve Δ ist mit einem Wachstum von 1,5% pro Jahr berechnet, $\Delta_{0,2}$ mit einer Reduktion desselben um 0,2 Prozentpunkte alle 10 Jahre, von 1,5% in 2000 bis auf 0,5% in 2050.

1.2 Energiebedarf

Zunächst wollen wir den Bedarf der Menschheit an den verschiedenen Formen der Energie betrachten. Auf der Erde leben heute etwa 7 Milliarden Menschen. Durch Vermehrung wächst diese Zahl zurzeit um 1,5 % pro Jahr (Abb. 1.2). Bis 2050 werden es, wenn die Entwicklung so weitergeht, rund 12 Milliarden sein. Würde das Wachstum aber durch Appelle an die Vernunft alle 10 Jahre um 0,2 Prozentpunkte reduziert, so kämen wir auf 10 Milliarden Menschen im Jahr 2050. Alle diese Menschen brauchen Energie in vielen verschiedenen Formen.

In Abbildung 1.3 ist dargestellt, wieviel Energie im Jahr 2010 aus welchen Quellen weltweit erzeugt und gebraucht wurde. Dies ist die sogenannte **Primärenergie**. In der Abbildung sind nicht Energien, sondern Leistungen angegeben, weil das den Vergleich mit der Literatur und mit den im Kapitel 4 behandelten Energiewandlern sehr erleichtert. (Will man die Energiebeträge in Joule pro Jahr wissen, so muss man die Leistungszahlen mit der Anzahl der Sekunden pro Jahr, 31,5 Millionen,

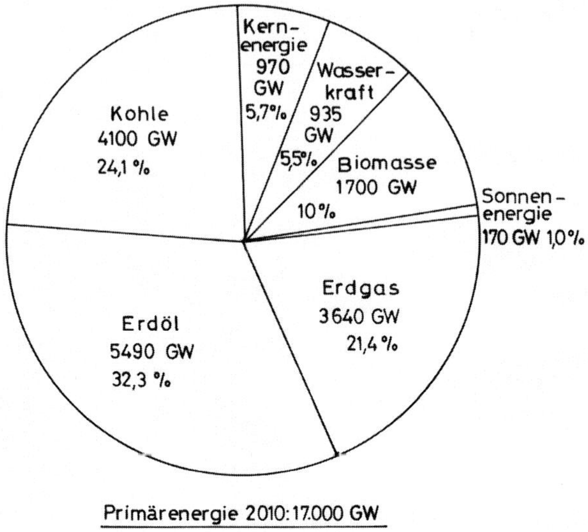

Abb. 1.3 Anteile der verschiedenen primären Energiequellen an der Gesamtleistung der Welt im Jahr 2010. Angaben in Gigawatt (GW) bzw. Milliarden Watt bzw. Millionen Kilowatt.

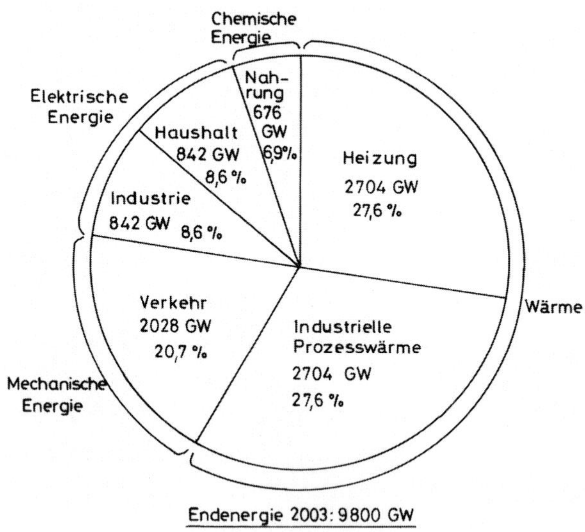

Abb. 1.4 Anteile der weltweit für verschiedene Zwecke benötigten Sekundärenergie (»Endenergie«) an der Gesamtleistung. Die Aufteilung auf die verschiedenen Verbrauchssektoren entspricht den Verhältnissen in hochindustrialisierten Ländern wie Deutschland im Jahr 2003. Die Anteile für Heizung und Prozesswärme werden ebenfalls zum Teil aus elektrischer Energie erzeugt, sodass deren Bruttoanteil etwa 2300 Gigawatt (23,5 %) beträgt.

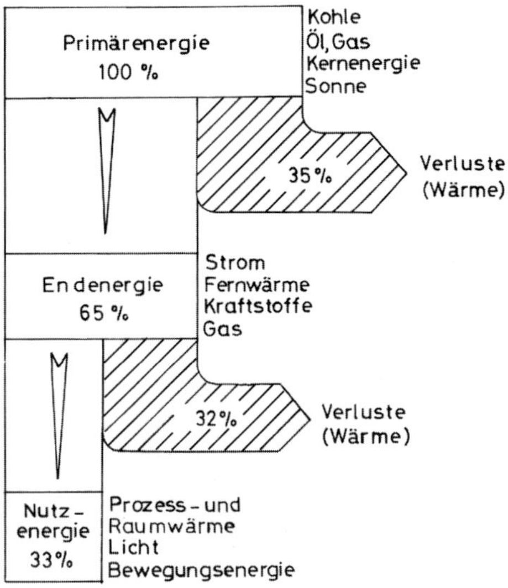

Abb. 1.5 Umwandlung von Primärenergie über Endenergie in Nutzenergie in Deutschland im Jahr 2000. Die gesamten Umwandlungsverluste betrugen 67 %. Das heißt, zwei Drittel der Energie werden ungenutzt verschwendet! (nach D. Hein, »Die Energiefrage«, 2001)

multiplizieren.) Man erkennt in Abbildung 1.3 den überwältigenden Anteil der fossilen Quellen Kohle, Erdöl und Erdgas.

Die Aufteilung auf die verschiedenen Verbrauchsarten, die **Sekundärenergie** oder **Endenergie**, zeigt Abbildung 1.4. Hier ist die Summe um rund 40 % kleiner als bei den Primärenergien. Es sind für das Jahr 2003 nur rund 10 000 Gigawatt und extrapoliert auf 2010 etwa 11 000 GW. Ein Teil der Primärenergie geht nämlich bei der Umwandlung in Endenergie »verloren«, das heißt, er fließt bei den Kraftwerken als nutzlose Wärme in die Umwelt, in die Luft und ins Wasser. Die Endenergie ist also derjenige Teil der primären, der nach Umwandlung zur weiteren Nutzung zur Verfügung steht. Bei dieser Nutzung geht dann noch einmal die Hälfte »verloren«, das heißt, sie wird in nutzlose Wärme umgewandelt, bei der Beleuchtung, bei der Heizung, beim Verkehr usw. In Abbildung 1.5 ist dargestellt, welcher Anteil der Primärenergie am Ende wirklich verwendet wird, die sogenannte **Nutzenergie**, nämlich nur 33 %! Gegen diese gigantische Energieverschwendung kann noch viel getan werden. Dazu muss man die Gesetze der Thermodynamik kennen (s. Kap. 3) und gute Ingenieure und Maschinenbauer beschäftigen (s. Kap. 4). Aber damit allein ist es noch nicht getan. Die beiden Drittel Verluste ließen sich nämlich durch **Sparmaßnahmen** auf jeweils die Hälfte verkleinern:

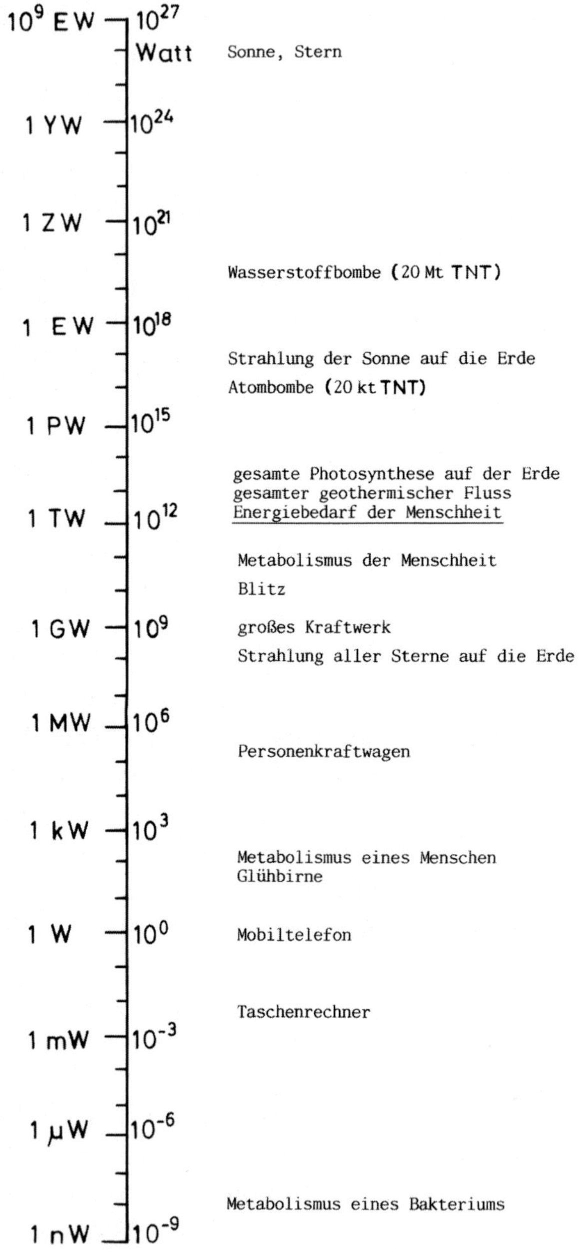

Abb. I.6 Leistungswerte in Natur und Technik. Die Buchstaben vor den Watteinheiten bedeuten: Y Yotta, Z Zetta, E Exa, P Peta, T Tera, G Giga, M Mega, k Kilo, m Milli, μ Mikro, n Nano.

- Die Verluste beim Umsatz von Primär- in Endenergie könnte man zum Beispiel vermindern, indem man die Abwärme der Elektrizität erzeugenden Kraftwerke möglichst vollständig zum Heizen verwendet, sogenannte **Kraft-Wärme-Kopplung** (s. Abb. 4.7).
- Die Verluste beim Übergang von End- zu Nutzenergie ließen sich einerseits verkleinern, wenn man die zur Raumheizung verwendete Energie nicht zur Hälfte zum Erwärmen der Außenluft durch Fenster und dünne Wände hinausjagte. Das heißt, bessere Wärmeisolation der Häuser. Andererseits ließen sich diese Verluste durch Geschwindigkeitsbeschränkungen beim Autoverkehr und durch Rückverlegung des Güterverkehrs von der Straße auf die Schiene erheblich reduzieren.

Leider stehen der Durchführung dieser Sparmaßnahmen massive wirtschaftliche Interessen und hohe Investitionen der Mineralölindustrie und der Automobilindustrie entgegen. Diese Unternehmen möchten möglichst viel Treibstoff, Heizöl und schnelle Autos verkaufen. Hier würde nur entschlossenes politisches Handeln helfen.

Um zum Schluss noch eine Vorstellung von der Größenordnung der Leistungen in Natur und Technik zu bekommen, zeigt Abbildung 1.6 einen Überblick. Hier haben wir eine logarithmische Darstellung gewählt, das heißt, von einem Teilstrich der Skala zum nächsten steigt bzw. fällt die Wattzahl immer um das Zehnfache. Merken wir uns für das Folgende: 1 Gigawatt (GW) = 1 Milliarde Watt, 1 Megawatt = 1 Million Watt, 1 Kilowatt = 1000 Watt.

Bedarfsentwicklung

Unser Energiebedarf wird in Zukunft ansteigen und zwar aus zwei Gründen: einmal wegen des Bevölkerungswachstums (s. Abb. 1.2), zum anderen wegen der gegenwärtigen Ungleichverteilung zwischen Industrieländern einerseits und Entwicklungs- sowie Schwellenländern andererseits.

Die in den Abbildungen 1.3 und 1.4 erläuterten Leistungen reichen natürlich nicht für eine weiter wachsende Menschheit aus. Berechnet

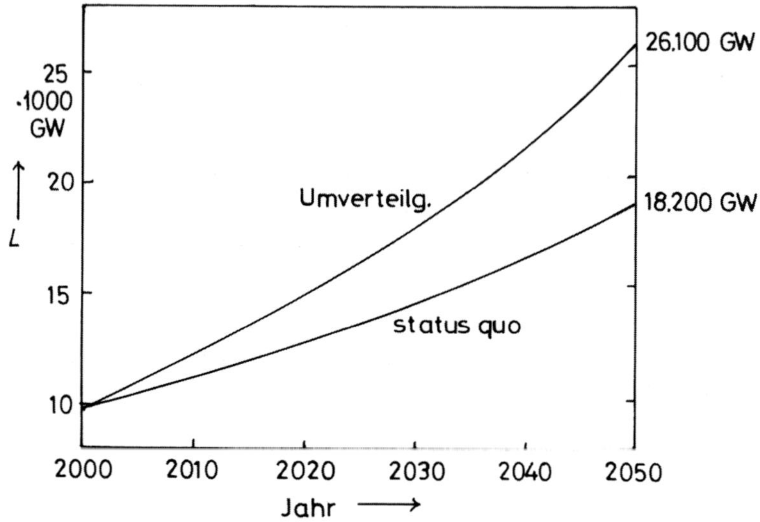

Abb. I.7 Entwicklung des weltweiten Endenergiebedarfs (L) bis zum Jahr 2050. Untere Kurve: in Industrieländern 5,5 kW pro Person, in Entwicklungsländern 0,5 kW. Obere Kurve: Umverteilung auf 4 bzw. 2 kW pro Person. Bevölkerungswachstum 1 % pro Jahr.

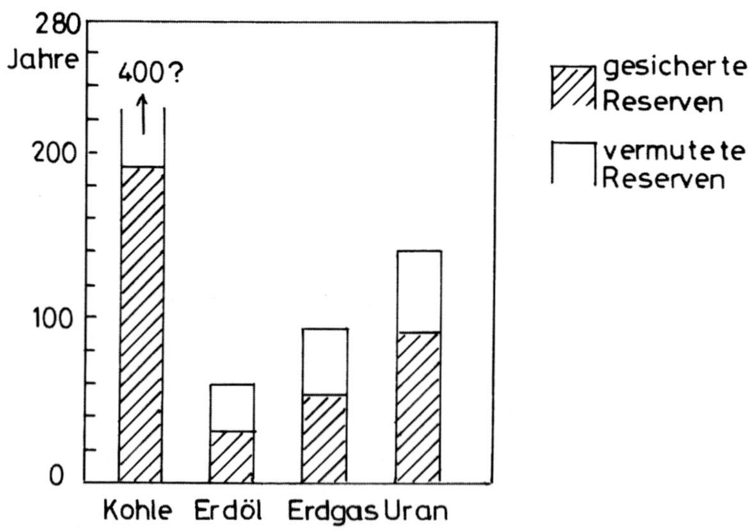

Abb. I.8 Voraussichtliche Nutzungsdauer der Reserven fossiler Brennstoffe und von Uran.

man den Bedarf entsprechend der Abbildung 1.2 bis zum Jahr 2050, so erhält man die untere Kurve in Abbildung 1.7. Bei einem hier angenommenen **Bevölkerungswachstum** von nur 1% pro Jahr würden wir 2050 fast doppelt soviel Endenergie brauchen wie heute. Das sind heute in den Industrieländern etwa 5,5 Kilowatt pro Person, in den Entwicklungsländern aber nur 0,5 Kilowatt.

Aufgrund dieser Ungleichheit gibt es ein **Verteilungsproblem:** Die Menschen in den hochindustrialisierten Ländern haben zu viel Energie; sie könnten sparen und etwas abgeben. Die Bevölkerung in Entwicklungs- und Schwellenländern hat zu wenig Energie. Sie greift daher oft zu umweltbelastenden Methoden der Energiegewinnung, zum Beispiel zur Abholzung von Regenwäldern. Hier muss dringend ein weltweiter Ausgleich stattfinden.

Nehmen wir an, dass Vernunft einkehrt und dass die Industrieländer ihren Bedarf auf 4 Kilowatt pro Person reduzieren. Wenn die Entwicklungsländer etwa viermal mehr bekommen als bisher, nämlich 2 Kilowatt pro Person, dann erhält man die obere Kurve in Abbildung 1.7. Das ergibt für 2050 etwa das Dreifache des heutigen Bedarfs! Bei dieser Darstellung wurde von einer Bevölkerungsverteilung von 25% in Industrieländern und 75% in Entwicklungsländern ausgegangen, wie er für 2050 prognostiziert wird, und die Schwellenländer wurden wie Entwicklungsländer berücksichtigt.

1.3 Energievorräte

Die zeitliche Entwicklung des Bedarfs muss man an den noch vorhandenen **Reserven** fossiler Brennstoffe messen, die ja gemäß Abbildung 1.3 heute noch Dreiviertel des Bedarfs decken. Es ist bereits allgemein bekannt, dass bei einem Bevölkerungswachstum von 1% pro Jahr die gesicherten Erdölvorräte bei heutiger Nutzung noch höchstens 40 Jahre reichen. Die Erdgasvorräte reichen vielleicht noch 60 Jahre, die der Kohle 200 Jahre und die des Urans als Reaktorbrennstoff 75 bis maximal 100 Jahre (Abb. 1.8). Zwar wird man auch nach diesen Zeiten noch Lagerstätten solcher Substanzen finden. Man wird sie jedoch nur unter erschwerten Bedingungen fördern können, weil sie in der Tiefsee, der

Arktis oder der Antarktis lagern. Diese Brennstoffe würden dann so teuer, dass sie mit der Sonnenenergie in ihren vielfältigen Erscheinungsformen nicht mehr konkurrieren können. Die noch vermuteten, aber bisher unentdeckten Reserven sind bei Kohle, Öl und Gas maximal doppelt so hoch wie die heute gesicherten. Bei Uran weiß man nichts Genaues. Man könnte es im Prinzip aus dem Meerwasser gewinnen, aber zu einem Vielfachen des heutigen Preises.

In letzter Zeit wird die Methode des **Fracking** (vom englischen to fracture, brechen) zur Gewinnung von Erdöl und Erdgas aus weniger ergiebigen Quellen diskutiert. Dabei handelt es sich um das Aufbrechen von Rissen in öl- bzw. gashaltigen Gesteinen durch Hineinpumpen von Wasser unter hohem Druck. Damit kann die Ergiebigkeit solcher Quellen bis auf das Doppelte gesteigert werden. Allerdings birgt das Verfahren verschiedene Risiken für die Umwelt. Das Bohrwasser wird nämlich mit einer ganzen Reihe giftiger oder umweltschädlicher Substanzen vermischt, um die im Gestein erzeugten Risse zu stabilisieren. Solche Stoffe sind zum Beispiel Epoxid- und Phenolharze, Polyacrylate, Sulfite, Terpene, Latex, Fumarsäure usw. Diese Stoffe können aus den aufgerissenen Gesteinsschichten leicht ins Grundwasser gelangen und so die Trinkwasserversorgung gefährden. Außerdem können durch das Fracking kleine Erdbeben entstehen wie zum Beispiel 2012 in der Nähe des Erdgasfeldes Neuenkirchen-Tewel in Niedersachsen. Wegen dieser und noch anderer Risiken ist das Fracking zum Beispiel in Frankreich und in Südafrika gesetzlich verboten. In den USA ist das wegen des vielen unbesiedelten Landes nicht so kritisch und dort wird Fracking zurzeit noch gefördert.

Kohlehydrierung, ein Notbehelf

Eine realistische Möglichkeit, die rasch zu Ende gehenden Erdölvorräte zu strecken oder zu ersetzen, besteht in der Gewinnung flüssiger oder gasförmiger Brennstoffe aus den noch länger reichenden Kohlevorräten. Flüssige Treibstoffe benötigt man wegen ihrer großen Energiedichte vor allem für den Straßen- und Flugverkehr. Aus Kohle (C) und Wasser (H_2O) lassen sich durch chemische Prozesse bei hohem Druck und hoher Temperatur sowohl gasförmige als auch flüssige Kohlenwasserstoffe gewinnen. Diese sind als Treibstoffe verwendbar, zum Beispiel Methan (CH_4) und Benzol (C_6H_6). Die symbolisch geschriebene Reaktion für Methan lautet (CO_2 Kohlendioxid)

$$2\,C + 2\,H_2O + Q \rightarrow CH_4 + CO_2. \qquad (1.1)$$

Im Einzelnen verläuft diese Reaktion über eine ganze Reihe von Zwischenschritten. Um sie zu starten, muss die Wärmeenergie Q bei hohem Druck (einige hundert Bar) und bei hoher Temperatur (einige 100 bis 1000 °C) zugeführt werden. Die Reaktionen erfordern außerdem Katalysatoren in Form fein verteilter Metallpulver, die zum Teil recht teuer sind (Stichwort: Fischer-Tropsch-Verfahren). Die Kohlehydrierung lohnt sich natürlich nur dann, wenn der Preis des so erzeugten Brennstoffs gegenüber dem aus Erdöl gewonnenen konkurrenzfähig ist. In Südafrika wird zum Beispiel täglich soviel Benzin aus Kohle hergestellt, wie aus 160 000 Barrel Erdöl zu gewinnen wären, und zwar zu einem konkurrenzlosen Preis von 25 $ je Barrel. Man muss allerdings bedenken, dass die Kohlevorräte nur noch kürzere Zeit reichen werden, wenn sie in größerem Umfang zu anderen Brennstoffen hydriert werden.

1.4 Treibhauseffekt und Klimawandel

Mit der Nutzung fossiler Brennstoffe und mit der Kernenergie sind **schädliche Nebenwirkungen** verbunden, der Treibhauseffekt einerseits und die Produktion von Atommüll andererseits.

Zunächst zum **Treibhauseffekt.** Bei der Verbrennung von Kohle, Öl und Erdgas entstehen große Mengen von Kohlendioxid. Dieses gasförmige Verbrennungsprodukt entweicht in die Atmosphäre. Es bewirkt dort eine Erwärmung der unteren Troposphäre und der Erdoberfläche. Als Troposphäre bezeichnet man den untersten Teil der Atmosphäre. In ihm spielt sich der größte Teil des Wettergeschehens ab. Die Troposphäre reicht an den Polen bis in ca. 10 km Höhe und am Äquator bis 18 km. Die Erwärmung haben wir alle in den vergangenen Jahren schon wahrgenommen. Im Sommer wurde es heißer und es gab mehr Niederschläge,

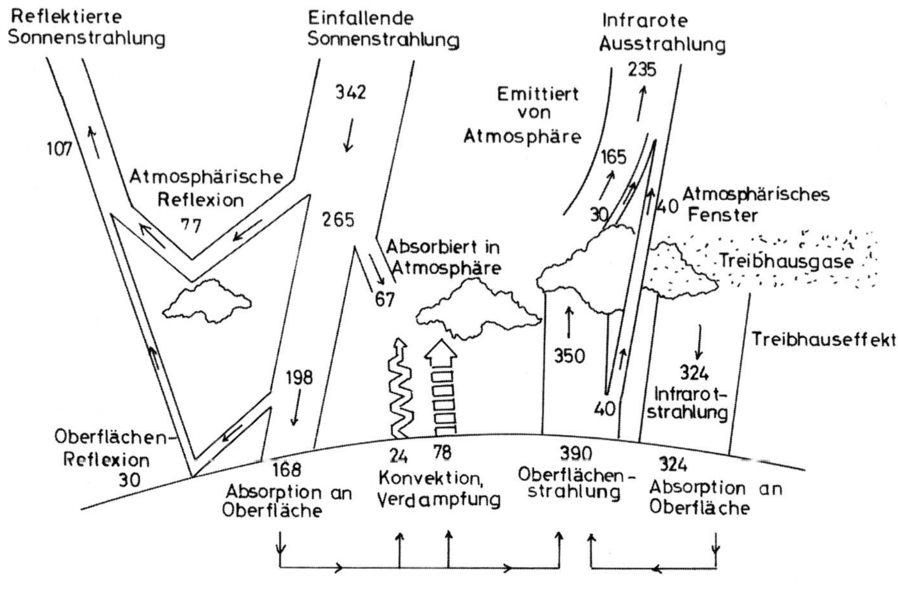

Abb. I.9 Strahlungsbilanz der Erdatmosphäre gemittelt über die ganze Erde, Sommer und Winter, Tag und Nacht. Alle Zahlen sind in Watt pro Quadratmeter angegeben (nach R. Wolfson, »Energy, Environment and Climate«, New York, 2008), Erläuterungen im Text.

im Winter wurde es wärmer und es gab weniger Schnee. Die hierfür verantwortlichen Kohlendioxid-Mengen sind beträchtlich. Pro Jahr werden davon weltweit etwa 52 Milliarden Tonnen oder 26 000 Kubikkilometer durch Verbrennung fossiler Stoffe in die Atmosphäre »entsorgt«. Dadurch hat die Konzentration dieses Gases in der Troposphäre in den letzten 100 Jahren um rund 30% zugenommen. Bis die Vorräte an Kohle, Öl und Gas verbrannt sind, wird die CO_2-Konzentration noch etwa viermal so hoch steigen. In der Troposphäre befinden sich auch noch andere **Treibhausgase**, außer Kohlendioxid vor allem Wasserdampf, Methan, Stickoxide, Ozon, Fluor-Chlor-Kohlenwasserstoffe usw. Deren Beitrag zum Treibhauseffekt ist jedoch nur teilweise von Menschen verursachter Natur und näherungsweise konstant.

Die Erwärmung der Atmosphäre kommt nun folgendermaßen zustande: Von der Sonne gelangt Licht auf unsere Erde (Abb. 1.9). Dieses wird zum Teil von der Erdoberfläche absorbiert. Sie schickt dafür langwellige

Wärmestrahlung wieder zurück in den Weltraum. Die Erde sendet die einfallende Sonnenenergie im Mittel vollständig wieder aus, denn sonst würde sie sich ja ständig aufheizen. Unsere Atmosphäre wirkt dabei aber ähnlich wie eine Isolierschicht. Ohne diese wäre es auf der Erde nämlich unangenehm kalt, etwa –18 °C. Mit Atmosphäre haben wir im Mittel +15 °C. Dafür verantwortlich sind die Treibhausgase. Diese absorbieren einen Teil der von der Erdoberfläche in den Weltraum emittierten Wärmestrahlung und schicken sie etwa zur Hälfte wieder zurück zur Erde. Dadurch wird die untere Atmosphäre und vor allem der Ozean zusätzlich zur einfallenden Sonnenstrahlung erwärmt. Die Wirkung – nicht aber der Mechanismus – ist ähnlich derjenigen eines Gewächshauses. Dort lässt die Glasumhüllung einfallende Sonnenstrahlung durch, aber den Austausch zwischen der erwärmten Innenluft und der kalten Außenluft verhindert sie. In Abbildung 1.9 ist das Schicksal der auf unsere Erde einfallenden Sonnenstrahlung im Einzelnen dargestellt.

Nun wäre eine kleine Temperaturerhöhung von weltweit etwa einem Grad in den letzten 150 Jahren, wie sie zurzeit zu beobachten ist (Abb. 1.10), vielleicht noch nicht schädlich und zu verkraften. Aber das ist noch nicht alles. Erstens wird diese Erwärmung zunehmen, und zwar bis wir alles Öl, alles Gas und alle Kohle verbrannt haben. Die dadurch entstehende zusätzliche Erwärmung kann weltweit etwa 4 Grad betragen, in mittleren Breiten eventuell bis zu 6 Grad. Zweitens schmelzen infolge der Erwärmung die Gletscher und das Grönlandeis, vielleicht auch ein Teil des antarktischen Eises. Bis 2050 könnte der Meeresspiegel dadurch im Mittel um 20 cm steigen, bis 2100 um bis zu einem halben Meter. Dann würden große Landgebiete dauerhaft überschwemmt, in Holland, in Florida, in Bangladesch usw. Für viele Millionen Menschen ginge der Lebensraum verloren und sie müssten umgesiedelt werden. Wenn das Grönlandeis vollständig schmilzt, würde der Meeresspiegel sogar um 7 m steigen, wenn das antarktische Eis vollständig schmilzt, sogar um 60 m! Dann würden weite Teile des bewohnten Festlands zu Meeresgebieten wie in der letzten Warmzeit vor 120 000 Jahren und die Nahrungsgrundlage für einen großen Teil der Erdbevölkerung würde vernichtet. Wieviel Eis bei welcher Temperaturzunahme schmelzen würde, das lässt sich leider heute nicht genau voraussagen. Das Eis in der Arktis hat seit 1980 um etwa ein Drittel abgenommen.

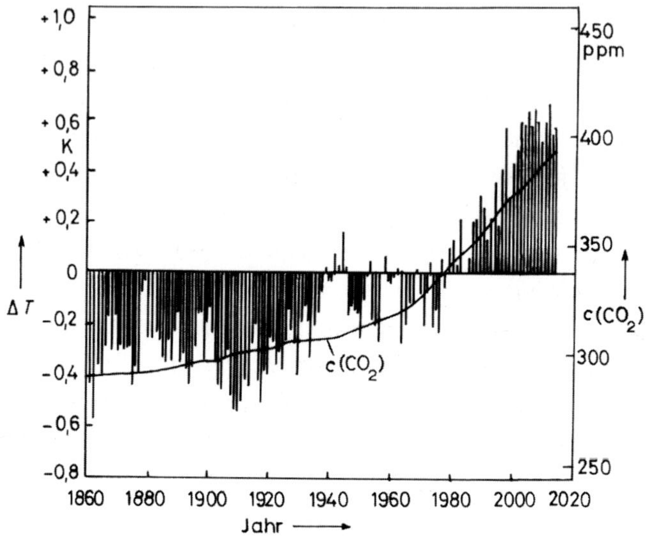

Abb. 1.10 Veränderung ΔT der globalen mittleren Temperatur an der Erdoberfläche (Balken) und des mittleren CO_2-Gehalts ($c(CO_2)$) der bodennahen Luft (Linie) während der vergangenen 150 Jahre; 1980 auf Null normiert. 300 ppm sind 300 Millionstel bzw. 0,3 Tausendstel Volumenanteil. Der CO_2-Gehalt vor 1960 wurde aus Eisbohrkernen bestimmt (nach T. R. Karl u. K. R. Trenberth, Science 302, 1719, 2003).

Übrigens bewirkt das Schmelzen des *arktischen* Eises allein keinen Anstieg des Meeresspiegels, denn es liegt nicht auf Festland, sondern schwimmt auf dem Wasser. Die Hälfte dieses Eises ist bereits geschmolzen, aber dabei bleibt das Volumen von Eis plus Wasser konstant. Man kann das leicht zu Hause nachprüfen, indem man Eiswürfel in einem Getränk schmelzen lässt. Der Flüssigkeitsspiegel ändert dabei seine Höhe nicht. – Allerdings kann die Erwärmung der Arktis zu einer Verlagerung von Meeresströmungen führen, wovon auch der für Europa so wichtige Golfstrom betroffen sein könnte. Wenn er seine Lage merklich verändert, könnte in Mitteleuropa ein Klima entstehen, wie es heute in Nordnorwegen herrscht. Wir können also gespannt sein: Mit Golfstrom wird's wärmer, ohne ihn wird's kälter.

Man hört gelegentlich die Meinung, der Klimawandel käme durch die zivilisatorische Wärmeproduktion zustande, die Abwärme unserer Kraftwerke, die Autoabgase und die Heizung unserer Häuser. Diese

Behauptung ist falsch. Aus der Abbildung 1.9 wissen wir, dass die natürliche Strahlungsemission der Erde im Mittel 235 Watt pro Quadratmeter beträgt. Und aus Abbildung 1.3 wissen wir, dass die heute gebrauchte Primärleistung etwa 17000 Gigawatt ausmacht. Wenn wir das durch die Oberfläche der Erde von 510 Millionen Quadratkilometer teilen, erhalten wir eine zivilisatorische Energieflussdichte von nur 0,033 Watt pro Quadratmeter. Nehmen wir an, dass alle Energie der Primärleistung letzten Endes als Wärme in den Weltraum ausgestrahlt wird, dann sehen wir, dass der zivilisatorische Wärmefluss nur rund 1,5 Zehntausendstel der natürlichen Emission der Erde entspricht. Er liefert zwar einen winzigen Zusatzbeitrag auch zum Treibhausanteil der Strahlungsbilanz von 324 Watt pro Quadratmeter (s. Abb. 1.9). Er trägt aber wegen seiner geringen Größe praktisch nichts zur Erderwärmung bei.

Sequestrierung von Kohlendioxid und Geoengineering

Experten haben schon lange über Möglichkeiten nachgedacht, wie man die CO_2-Zunahme in der Atmosphäre technisch begrenzen könnte. Dieses Problem ist unter dem Namen **Sequestrierung** bekannt (vom lateinischen sequestrare, absondern, trennen). Das unerwünschte CO_2 soll als Abfall entsorgt und in einer Deponie gespeichert werden. Leider ist dabei bis heute nichts wirklich Brauchbares herausgekommen. Alle Methoden haben mehr oder weniger gravierende Nachteile. Man könnte das überflüssige Kohlendioxid tief in der Erde lagern, entweder als Gas oder, unter hohem Druck, als Flüssigkeit oder in fester Form (Trockeneis). Dazu könnten aufgelassene Bergwerkshohlräume dienen oder ausgebeutete Öl- und Gaslagerstätten. Leider bleibt das CO_2 aber nicht dort unten, wo man es hineinpumpt, sondern es diffundiert im Lauf der Zeit wieder heraus. Man muss diese CO_2-Lager also gut abdichten, wenn man nicht zufällig einen von Salzwasser in porösem Gestein umgebenen Hohlraum findet. Aber keine der bisher untersuchten Dichtungsmethoden ist perfekt und jede ist geologischen Veränderungen ausgesetzt. Im Verlauf von Jahrzehnten kommt das Gas wieder heraus, bei guten Lagern in der Menge von 1 % pro Jahr. Bis heute ist keine vernünftige Lösung dieses Problems in Sicht. Zu bedenken ist auch, dass die Abscheidung des CO_2

aus den Verbrennungsabgasen Energie kostet, und zwar nicht wenig, sondern etwa ein Drittel der bei der Verbrennung gewonnen Energie. Das allein würde den Strompreis um mindestens 30% verteuern. Eine mögliche Gefahrenquelle besteht auch in einem plötzlichen Ausbruch größerer Gasmengen wie 1986 am Nyos-See in Kamerun. Damals kamen 1700 Menschen durch eine Eruption von 1,6 Millionen Tonnen CO_2 aus einer natürlichen Quelle ums Leben. Ein anderer Vorschlag, CO_2 in der Erde zu lagern, besteht darin, es in Basalt-Formationen zu pumpen. Einige der dortigen Mineralien enthalten Magnesium, Kalzium und Eisen. Mit diesen kann Kohlensäure stabile Karbonate bilden. Das dauert allerdings einige Zeit. Man weiß noch nicht, wie lange; und man weiß auch noch nicht, ob sie sich bei Wasserzutritt wieder auflösen und das CO_2 wieder freigeben.

Ferner gibt es noch die Möglichkeit, das Kohlendioxid durch Aufforsten von Wäldern zu binden. Bei der Photosynthese der Pflanzen entstehen ja aus CO_2 und Wasser Kohlehydrate, Holz usw. (s. Abschn. 6.1). Wollte man die jährliche CO_2-Produktion der Menschheit von 35 Milliarden Tonnen auf diese Weise unschädlich machen, so müsste man die Waldfläche der Erde um etwa ein Viertel vergrößern. Das wäre rein räumlich und bewässerungstechnisch möglich, ist aber utopisch wegen der zu erwartenden Kosten und der Widerstände von Seiten der Konkurrenten um kultivierbares Land. Wir befinden uns ja gerade auf dem entgegengesetzten Weg: Abholzung von Tropenwäldern und Zubetonierung von landwirtschaftlicher Nutzfläche. Auch dürfte die durch Aufforstung gewonnene Biomasse natürlich nicht wieder verbrannt werden, wie es heute vielfach geschieht. Sonst würde das dort gespeicherte CO_2 ja wieder frei und die Katze bisse sich in den Schwanz.

Eine ganz andere, viel diskutierte Methode, die Erderwärmung zu begrenzen, besteht im sogenannten **Geoengineering**. Dabei sollen kleinste Partikel von Schwefelsäure, Metallen oder anderen Stoffen in der Stratosphäre verteilt werden. (Als Stratosphäre bezeichnet man die Atmosphäre oberhalb der Troposphäre.) Die kleinen Partikel sollen das Sonnenlicht reflektieren, zum Teil absorbieren und wieder in den Weltraum zurückstrahlen, ähnlich wie vulkanischer Staub. Auf diese Weise hofft man, die Temperaturzunahme in der Troposphäre drosseln zu können. Doch birgt ein solches Verfahren verschiedene Risiken in sich: Die Ozonschicht oder der globale Wasserhaushalt könnten gestört werden. Die tropischen Monsun-Gürtel würden sich verschieben und zum Beispiel zu neuen Trockenperioden in der Sahelzone führen. Auch würde die selektive Absorption von Sonnenstrahlung die Biosynthese verschiedener Stoffe beeinflussen. Ehe solche Risiken nicht ausgeschlossen werden können, wird es wohl mit der »Impfung« der Stratosphäre nichts werden.

1.5 Atommüll

Wir kommen jetzt zu den schädlichen Nebenwirkungen der Kernenergienutzung, zum sogenannten **Atommüll.** Dabei handelt es sich um die Abfälle bzw. die »Asche«, die bei der Uranspaltung in Kernkraftwerken anfällt. Diese Abfälle senden eine intensive **radioaktive Strahlung** aus, die auf lebende Materie zerstörend wirkt. Die Strahlung kann bis zu mehreren Millionen Jahren andauern, wird aber mit der Zeit immer schwächer. Diese Strahlung ist unsichtbar, ähnlich wie der ultraviolette Teil der Sonnenstrahlung, und wirkt auf unseren Körper gesundheitsschädlich wie eine starke Röntgenstrahlung. Eine Vorstellung von der Gefährlichkeit vermittelt uns ein Brennelement aus einem Reaktor, das 500 kg Uran enthält und drei Jahre lang in einem Reaktor Wärmeenergie geliefert hat. So ein Brennelement ist etwa 5 m lang und hat einen Durchmesser von 50 cm. Stellt man sich ungeschützt daneben, so erhält man innerhalb von 5 Sekunden (!) eine zu 50 % tödliche Strahlendosis. Man stirbt dann mit 50 % Wahrscheinlichkeit innerhalb einer Woche, weil fast alle biochemischen Prozesse in unserem Körper geschädigt wurden. Das betrifft vor allem die Drüsen, die Schleimhäute, die blutbildenden Organe und das Immunsystem. Besonders schädlich sind auch radioaktive Gase und Stäube mit strahlenden Substanzen. Sie schädigen den Körper von innen, vor allem die Lunge.

Die radioaktive Strahlung eines verbrauchten Brennelements wird im Lauf der Zeit schwächer, wie es in Abbildung 1.11 dargestellt ist. Nach 100 Jahren liefert es aber immer noch eine Strahlendosis, die innerhalb von 10 Minuten zu 50 % tödlich wirkt, wenn man ungeschützt direkt daneben steht. Diese Strahlung geht von zwei Gruppen von Substanzen aus, die

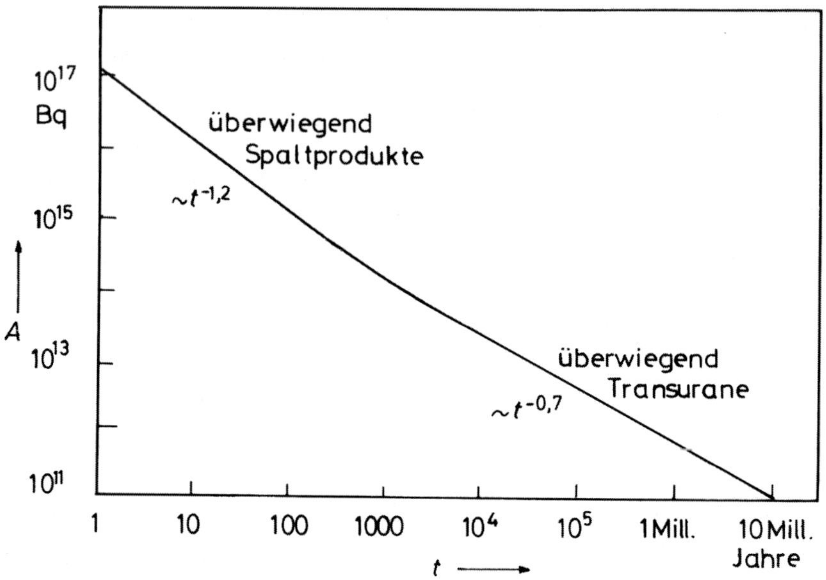

Abb. I.11 Zeitlicher Verlauf der radioaktiven Strahlung eines drei Jahre lang im Reaktor genutzten Brennelements mit 500 kg Uran. Die Aktivität *A* (in der Einheit Becquerel, Bq) ist die Anzahl der pro Sekunde aus dem Brennelement emittierten Strahlen (Alpha- und Beta-Teilchen sowie Gamma-Quanten). Die Skalen sind logarithmisch geteilt; 10^{15} ist eine Million mal eine Milliarde. Nach 1 Million Jahren existiert zwar nur noch 1/100.000 der Anfangsaktivität, aber das sind immer noch 1 Billion radioaktive Zerfälle (Alpha-, Beta- oder Gammastrahlen) in jeder Sekunde!

bei der Uranspaltung entstehen, und sich im Brennelement ansammeln: einerseits Spaltprodukte (Caesium, Strontium, Iod usw.), andererseits Transurane (Neptunium, Plutonium, Americium usw.), die schwerer als das Element Uran sind. Spaltprodukte sind Bruchstücke von Uranatomen, Transurane entstehen aus Uranatomen, die einige Neutronen in ihrem Kern eingefangen haben. Diese Stoffe bilden zusammengenommen den sogenannten Atommüll. Seine Strahlung lässt sich mit keiner bekannten Methode beeinflussen oder gar verhindern. Man muss einfach abwarten, bis sie schwächer wird, wenn man das Brennelement verarbeiten will. Das dauert allerdings sehr lange, wie die Abbildung 1.11 zeigt.

Entsorgung von Atommüll

Es ist heute allgemein bekannt, dass der Atommüll ein großes energiewirtschaftliches Problem darstellt. Man kann sich vor seiner Strahlung nur schützen, indem man sie »abschirmt«. Das heißt, indem man die Abfälle mit möglichst viel Materie umgibt, welche die Strahlung absorbiert. Das kann Wasser oder Sand sein, Gestein, Beton, Eisen usw. Je spezifisch schwerer der Stoff ist, umso besser – Gold ist allerdings zu teuer. Die Strahlung wird bei der Absorption in diesen Stoffen in Wärme umgewandelt. Ist die abschirmende Materieschicht zu dünn, so geht noch eine Reststrahlung hindurch. Auch in der Luft wird schon etwas Strahlung absorbiert, aber wegen deren geringer Dichte nur wenig. Großer Abstand ist daher auch schon ein gewisser Strahlenschutz.

Frisch aus dem Reaktor geholte verbrauchte Brennelemente können wegen der starken Strahlung natürlich nur fernbedient gehandhabt werden. Sie kommen zunächst für etwa 5 bis 10 Jahre zur Kühlung in ein Wasserbecken (**Abklingbecken**), bis ihre Strahlung auf ein Zehntel des Anfangswertes abgenommen hat. Dann werden sie zum Beispiel zu je 20 Stück in massive Eisenbehälter, sogenannte **CASTORen** verpackt, deren Wand einen halben Meter dick ist. Für etwa 50 Jahre werden diese Behälter, in deren Inneren es wegen der starken Strahlung bis zu 300 °C heiß wird, dann in einem **Zwischenlager** mit Luft gekühlt. Erst dann kann man sie entsorgen, das heißt, tief in der Erde vergraben, in einem sogenannten **Endlager**. Das muss so beschaffen sein, dass nach menschlichem Ermessen innerhalb der nächsten 100 000 bis 1 Millionen Jahre keine radioaktiven Substanzen in die Umwelt gelangen können, weder in die Luft noch ins Grundwasser noch merklich in das umgebende Gestein.

Bis heute gibt es auf der Welt noch kein einziges Endlager für die Abfälle aus den Kernkraftwerken. Nur in Finnland ist eines im Bau, das 2020 fertig werden soll. Überall sonst lässt man die Abfälle in den oberirdischen Zwischenlagern vor sich hin strahlen. Dort stellen sie allerdings ein Risiko dar. Durch Flugzeugabsturz, Stromausfall, Erdbeben, Überschwemmungen, Terrorismus, Kriegshandlungen usw. könnten die Behälter beschädigt werden. Wenn dadurch nennenswert Radioaktivität frei wird, steht den betroffenen Menschen ein Schicksal ähnlich demjenigen in Tschernobyl oder Fukushima bevor. Fünfzig CASTORen mit 10 Jahre alten Brennelementen enthalten etwa soviel Aktivität, wie insgesamt in Tschernobyl freigeworden ist. Das entspricht der Aktivität einer Hiroshima-Atombombe einen Tag nach der Explosion. Die Folgen eines solchen Unfalls wären in dicht besiedelten Gebieten verheerend: viele tausend Todesfälle, mehrere 10 000 km^2 auf Dauer unbewohnbares Land, Gesamtkosten einige 100 Milliarden Euro. In Deutschland befinden sich in 15 oberirdischen Zwischenlagern zurzeit die Abfälle von ca. 50 Jahren Kernenergienutzung, etwa 1000 Behälter mit je rund 20 verbrauchten Brennelementen.

Die Ursachen dieser Misere sind teils politisch, teils finanziell bedingt. Einerseits widersetzt sich die Bevölkerung fast überall dem Bau eines Endlagers, wie in Gorleben oder in Nevada in den USA. Die Menschen glauben den Politikern nicht, die ihnen weismachen wollen, die Sache sei völlig harmlos und hundertprozentig sicher. Das stimmt natürlich nicht. Ein gewisses Restrisiko ist unvermeidlich und muss in Kauf genommen werden. Andererseits fehlt das Geld in der Größenordnung von 5 Milliarden Euro für den Bau eines Endlagers. Die Betreiber der Kernkraftwerke sind bisher nicht bereit, dafür zu bezahlen, obwohl es nicht mehr kosten würde als etwa ein neues Kraftwerk und leicht aus den Gewinnen der vorhandenen finanziert werden könnte. Würde man die Entsorgungskosten aber voll auf den Strompreis verrechnen, so wäre der »Atomstrom« schon heute teurer als der konventionell oder mit Sonnenenergie erzeugte.

Im Zusammenhang mit dem Entsorgungsproblem wird oft die Methode der **Transmutation** radioaktiver Abfälle erwähnt. Dabei sollen stark und lange strahlende Stoffe durch Beschuss mit Neutronen in schwächer und kürzer strahlende umgewandelt werden. Leider hat das Verfahren zwei große Nachteile: Es erfordert zum einen einen großen Teilchenbeschleuniger, einen speziellen Kernreaktor und die chemische Trennung der zu transmutierenden Elemente in einer Wiederaufarbeitungsanlage. All diese Geräte und Verfahren sind sehr teuer und würden den Preis des Atomstroms in ungeahnte Höhen treiben. Außerdem aber funktioniert das Verfahren bei dem bis heute größtmöglichen Aufwand nur im Labormaßstab. Man kann pro Tag allerhöchstens einige Gramm Substanz transmutieren. Für ein einziges Kernkraftwerk müssten es aber täglich einige zehn Kilogramm sein.

Trotz all dieser Probleme und trotz der bekannten Gefährdungspotenziale wird die Atomkernenergie in einigen Ländern auch heute noch weiter ausgebaut. So sind in osteuropäischen Ländern, in Russland und in China eine Reihe neuer Kraftwerksreaktoren im Bau oder in der Planung. Dabei muss man annehmen, dass die Verantwortlichen von relativ kurzzeitigen Interessen geleitet werden. Denn wie in Abbildung 1.8 gezeigt ist, reichen die bekannten Uranreserven für die heute schon vorhandenen Reaktoren nur noch etwa 100 Jahre. Und die Herstellung anderer Kernbrennstoffe in Brutreaktoren ist, wie wir im nächsten Abschnitt sehen werden, noch in der Versuchsphase mit wenig Aussicht auf eine Realisierung zu vertretbaren Kosten.

1.6 Noch nicht realisierbare Methoden der Energieumwandlung

Oft hört man die Meinung, das Energieproblem der Menschheit wäre für alle Zeiten gelöst, wenn es gelänge, die kontrollierte Kernfusion zu verwirklichen oder Brutreaktoren zu betreiben. Beide Methoden sind heute im Versuchsstadium und es ist ungewiss, ob sie jemals gut genug funktionieren werden. Selbst wenn das der Fall wäre, würden sie so kostspielig, dass jede Konkurrenz zur Sonnenenergie vorerst ausscheiden würde.

Kernfusion

Bei der **Kernfusion** werden leichte Gase wie zum Beispiel Deuterium (D) oder Tritium (T) durch elektrischen Strom auf etwa 100 Millionen Grad erhitzt, ein Mehrfaches der Temperatur im Sonneninneren (s. Abb. 2.2). In dem so entstehenden Plasma aus Atomkernen und Elektronen verschmelzen die Kerne zu Heliumkernen (He). Die Reaktion lautet

$$^{2}_{1}D + ^{3}_{1}T \longrightarrow ^{4}_{2}He + ^{1}_{0}n + 17{,}6\ MeV\ ^{\star} \qquad (1.2)$$

Dabei entsteht noch je ein Neutron (n) und es wird eine Energie von 400 Millionen Joule pro Gramm Helium frei. Das ist etwa 30-mal soviel Energie pro Gramm Brennstoff, wie bei der Uranspaltung in Reaktoren entsteht. Der Nachteil der Kernfusion ist die Ungewissheit darüber, ob sie jemals auf der Erde im Dauerbetrieb funktionieren wird. Bis heute gelingt das nur für wenige Sekunden – und in der Wasserstoffbombe. Außerdem wird ein Fusionsreaktor sehr teuer. In Südfrankreich ist eine Versuchsanlage im Bau, die mindestens 13 Milliarden Euro kosten wird und bis 2020 fertig werden soll (Abb. 1.12). Nach ersten sehr vagen Schätzungen dürfte der Preis für Fusionsstrom – wenn es jemals funktionieren sollte – das 10- bis 20-Fache des konventionellen Preises betragen. Ein weiterer Nachteil besteht in der noch nicht abschätzbaren Menge radioaktiver Abfälle, die eine solche Anlage erzeugt.

Brutreaktor

Die zweite denkbare Methode zur langfristigen Lösung des Energieproblems ist ein sogenannter **Brutreaktor** oder **Schneller Brüter**. Die heute bekannten Uranvorräte reichen ja bei gleichbleibendem Verbrauch nur noch 75 bis maximal 100 Jahre (s. Abb. 1.8). Dabei handelt es sich um das Uran-Nuklid U-235 (235 Nukleonen im Atomkern). Das hundertmal häufigere U-238 kann man nicht direkt als Reaktorbrennstoff verwenden. Man müsste es vorher in Plutonium (Pu-239) umwandeln. Das gelingt zum Beispiel durch Neutronenbeschuss in einem Brutreaktor (Abb. 1.13). Dabei wird ein normaler, Neutronen liefernder Reaktor mit einer Hülle aus Uran-238 umgeben und nach einer gewissen Zeit wird das entstandene Plutonium herausgelöst. Das Verfahren funktioniert auch mit Thorium (Th-232) und liefert dann das als Brennstoff taugliche U-233.

⋆ Die oberen Zahlen an den Elementsymbolen bezeichnen die Zahl der Nukleonen (Protonen und Neutronen), die unteren die der Protonen allein. MeV (Mega-Elektronenvolt) ist eine Energieeinheit, 1 MeV = 0,000 000 000 000 16 Joule.

Abb. 1.12 Konstruktion des Fusionsreaktors ITER (International thermoenergetic reactor) in Cadarache, Frankreich. Zum Größenvergleich: Person rechts unten. Der torusförmige Hohlraum in der Mitte der Anlage enthält das 100 Millionen Grad heiße Gasgemisch. Die bei der Kernverschmelzung entstehende Wärmeenergie wird über den unteren Rand des Torus ausgekoppelt, das heißt, einem Wärmetauscher zugeführt (Foto: ITER Organization).

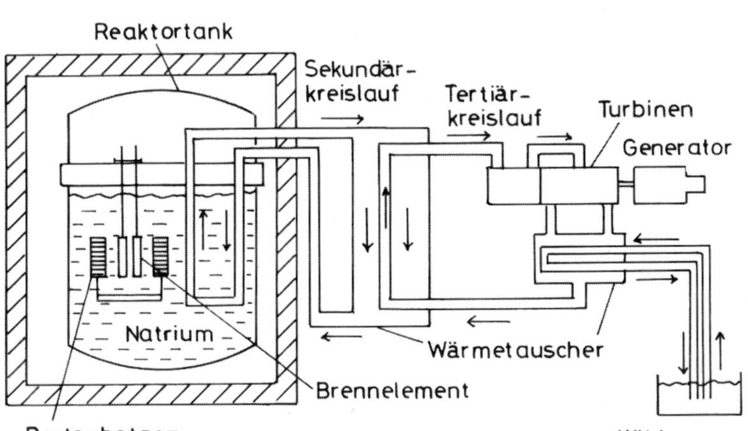

Abb. 1.13 Prinzip eines Brutreaktors.

Ein solcher Brutreaktor hat zwei Nachteile: Er lässt sich schwerer regeln als ein normaler Kraftwerksreaktor, denn er muss mit sehr schnellen Neutronen arbeiten, um die gewünschten Kernreaktionen in U-238 und Th-232 zu realisieren. Außerdem herrscht in einem Brutreaktor eine Temperatur von etwa 900 °C. Er kann daher nicht mit Wasser gekühlt werden. Man muss dafür flüssiges Natrium verwenden, eine chemisch sehr aggressive und sich an Luft von selbst entzündende Substanz. Aus diesen Gründen wurden von den bisher gebauten Brütern (weltweit 20) alle, bis auf einige wenige militärisch genutzte, wieder stillgelegt. Schließlich produzieren die Brutreaktoren selbst und die aus ihnen gewonnenen Brennstoffe radioaktive Abfälle in jeweils der gleichen Menge wie die bisher betriebenen Kernkraftwerke. Es gibt noch keine verlässlichen Schätzungen, was der Strom aus den mit Brütern erzeugten Kernbrennstoffen kosten würde. Sicher wird er sehr viel teurer als der aus den bisherigen Leistungsreaktoren.

Methanhydrat

Eine dritte, zurzeit noch utopische Energiequelle ist die Nutzung von **Methanhydrat** als Brennstoff. Dabei handelt es sich um im Meer angehäufte Methanmoleküle (CH_4), die von Archäbakterien in den Ozeanen als Stoffwechselprodukte ausgeschieden werden. Bei Drücken über 20 bar und Temperaturen von 2 bis 4 °C, wie sie in Wassertiefen über 200 m herrschen, bildet dieses Methan mit Wasser stabile Kristalle ($CH_4 \cdot 5{,}75\,H_2O$, Abb. 1.14). Wenn der Druck sinkt oder die Temperatur steigt, wird das Methan wieder als Gas frei, zum Beispiel, wenn man solche Kristalle aus der Tiefe an die Meeresoberfläche bringt. Das Kohlenwasserstoffmolekül Methan ist ein guter Brennstoff. Er reagiert mit dem Sauerstoff (O_2) der Luft zu Kohlendioxid (CO_2) und Wasser (H_2O):

$$CH_4 + 2\,O_2 \rightarrow CO_2 + 2\,H_2O. \qquad (1.3)$$

Methan ist ja auch ein Hauptbestandteil des natürlichen Erdgases.

Man schätzt, dass in den Ozeanen und in den Permafrostböden weltweit etwa 12 Billionen Tonnen Methan lagern. Wie man sie sinnvoll

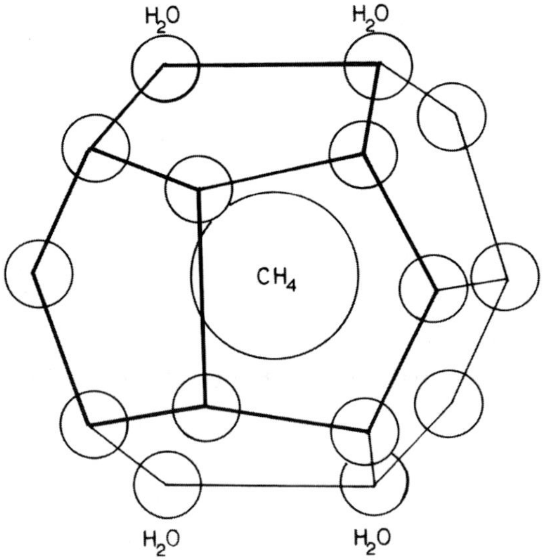

Abb. 1.14 Methanhydrat-Kristall. 20 Wassermoleküle (H_2O) bilden einen Dodekaeder von ca. 1 nm Durchmesser (1 Nanometer (nm) = 1 Millionstel Millimeter). Darin befindet sich ein Methan-Molekül (CH_4). Die Größenverhältnisse der als Kugeln dargestellten Moleküle sind nicht maßstäblich.

gewinnen kann, das ist jedoch noch eine offene Frage. Auch ist zu bedenken, dass die Verbrennung von Methan große Mengen von CO_2 freisetzt, das zur Klimaänderung durch den Treibhauseffekt beiträgt. Methan ist auch selbst ein sehr wirksames Treibhausgas; es hat einen 20-mal stärkeren Effekt als CO_2. Man nimmt an, dass die letzte Warmzeit im Paläozän vor 55 Millionen Jahren durch eine plötzliche, geologisch bedingte Freisetzung von Methan aus dem Meer entstanden sein könnte. Dabei stieg die Oberflächentemperatur um ca. 6 Grad und ein großer Teil der Meerestiere starb aus.

Zusammenfassung

Wir sind am Ende unserer einführenden Betrachtungen zum Energieproblem der Menschheit angelangt. Das Resümee lautet: Die bisher genutzten konventionellen Energiequellen sind bald erschöpft. Wahrscheinlich wird dann innerhalb weniger Jahrzehnte die auf solche Weise bereitgestellte Energie unbezahlbar werden. Außerdem haben die bisher genutzten Methoden der Energieumwandlung zwei schwerwiegende Nebenwirkungen, die Klimaveränderung und die radiaoaktiven Abfälle. Die als mögliche Auswege aus dieser Krise diskutierten Verfahren der kontrollierten Kernfusion und der Erbrütung von Kernbrennstoffen erscheinen wegen vielfältiger technischer Probleme noch als utopisch. Auch würde der Preis der so gewonnenen Energie ein Vielfaches des heutigen betragen.

Wenn wir also nicht die unabsehbaren Folgen einer weltweiten und dauerhaften Energiekrise erleben wollen, müssen wir schnellstens alternative Methoden ausbauen und einen sozialen Ausgleich finden, um als zivilisierte Menschheit in relativem Wohlstand weiter existieren zu können. Solche Methoden sind seit langem bekannt und man hat auch begonnen, sie ernsthaft zu etablieren. Es sind die Verfahren zur Nutzung der Sonnenenergie in ihren vielfältigen Erscheinungsformen. Und das ist der Inhalt des nächsten Kapitels.

Kapitel 2
Die Sonnenenergie

In diesem Kapitel besprechen wir die Eigenschaften und die Funktion der Sonne. Dann diskutieren wir den Teil ihrer Energie, der zur Erde gelangt, die sekundären Erscheinungsformen dieser Energie sowie ihre Potenziale und den Flächenbedarf für ihre Nutzung. Die physikalischen Grundlagen der Energieumwandlung und die Arbeitsweise der Energiewandler sind Inhalt der anschließenden beiden Kapitel. Zunächst wollen wir jedoch sehen, wie die Sonne strahlt und was ihre Strahlung auf der Erde bewirkt.

2.1 Die Sonne

Unsere Sonne ist eine praktisch unerschöpfliche Energiequelle. Sie liefert uns mehrere tausendmal soviel Energie, wie wir brauchen (Abb. 2.1), und das wahrscheinlich noch einige Milliarden Jahre lang. Die Sonne ist ein typischer Stern, von denen es in unserer Galaxie, der »Milchstraße«, etwa 100 Milliarden gibt. Ihr Durchmesser (1,4 Millionen km) ist etwa 100-mal so groß wie derjenige der Erde (12 740 km). Ihre Masse ($2 \cdot 10^{27}$ Tonnen) ist ca. 300 000-mal so groß wie die Erdmasse ($6 \cdot 10^{21}$ Tonnen). Die Sonne besteht zu etwa 70% aus Wasserstoff, zu 28% aus Helium und zu 2% aus anderen, schwereren Elementen. Die Abbildung 2.2 zeigt einen schematischen Schnitt durch die Sonne. Im Kern ist sie etwa 10 Millionen Grad heiß, an der Oberfläche noch 5500 °C. Die Sonne, und wir mit ihr, befindet sich in einem Spiralarm unserer Galaxie, etwa 28 000 Lichtjahre von deren Zentrum entfernt, das sie mit einer Geschwindigkeit von 250 Kilometer in der Sekunde in 20 Millionen Jahren einmal umkreist.

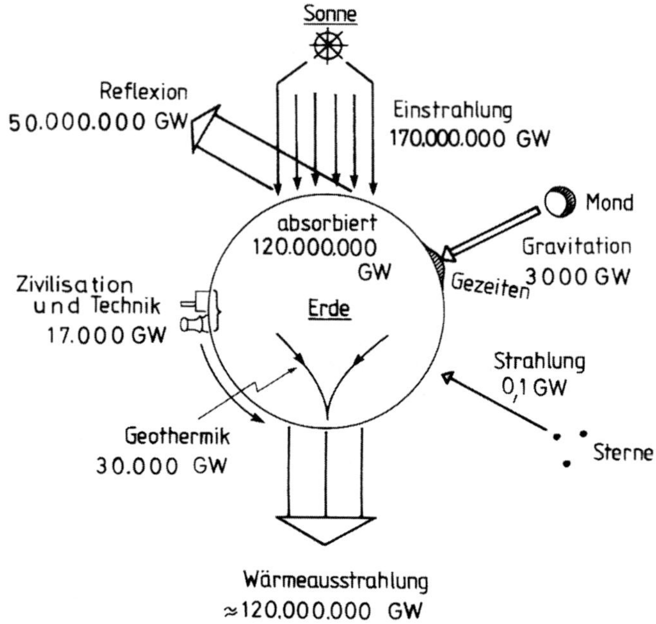

Abb.2.1 Die Energieströme der Erde. Alle Zahlen in Gigawatt (GW) (nach M. Taube, »Evolution of Matter and Energy«, New York 1985).

Sonnenenergie

Die Sonne strahlt Energie mit einer Leistung von 400 Millionen mal Milliarden Gigawatt aus, die wir hauptsächlich als Licht und Wärme wahrnehmen. Woher kommt diese riesige Energie? Sie stammt aus der Verschmelzung (»Fusion«) von Wasserstoff zu Helium, die im Sonneninneren stattfindet. Ein solcher Prozess erfordert die dort herrschende hohe Temperatur von 10 Millionen Grad. Sie ist entstanden, als bei der Bildung der Sonne aus dem im Weltraum vorhandenen Wasserstoff dessen Gravitationsenergie sich in Bewegungsenergie der Atome umgewandelt hat. Das geschah von selbst ganz ohne Energiewandler. Bei 10 Millionen Grad sind alle Atome vollständig ionisiert, das heißt, die Materie bildet ein gasförmiges Plasma aus Atomkernen und Elektronen. Die Wasserstoff-Atomkerne (H^+) haben dann eine Geschwindigkeit von 560 Kilometer in der Sekunde. Wenn zwei davon zusammenstoßen, bilden sie einen

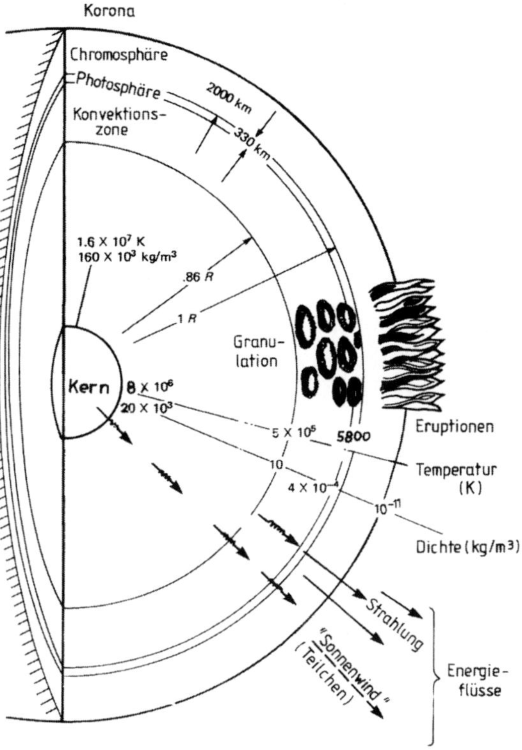

Abb. 2.2 Struktur und physikalische Daten der Sonne (nach M. Zeilik u. J. Gaustad, »Astronomy«, New York 1983). In diesem Maßstab wäre die Erde so groß wie ein Stecknadelkopf in 10 m Entfernung.

Deuteriumkern (D^+), wie es in Abbildung 2.3 skizziert ist. Kommt ein weiterer Wasserstoff-Atomkern dazu, so entsteht ein Helium-3-Kern (${}^3_2He^{++}$), und zwei solcher Kerne bilden einen stabilen Helium-4-Kern (${}^4_2He^{++}$). Auf diese Weise wird der Wasserstoff der Sonne nach und nach zu Helium »verbrannt«, pro Sekunde 560 Millionen Tonnen! Aber der Wasserstoffvorrat der Sonne reicht noch für etwa 5 Milliarden Jahre. Wir brauchen also nicht zu fürchten, dass sie bald zu strahlen aufhört.

Die bei diesem **Fusionsprozess** freiwerdende Energie besteht zunächst aus Gammastrahlung (γ), wie in Abbildung 2.3 skizziert. Das sind elektromagnetische Wellen, ähnlich der Röntgenstrahlung, aber mit hundertmal höherer Energie. Die Gammastrahlen diffundieren vom Sonneninneren zur Oberfläche und verlieren durch Wechselwirkung mit Atomen Energie. Sie werden dabei immer langwelliger und werden schließlich von der Oberfläche der Sonne als sichtbares Licht und Wärme in den Weltraum emittiert. Dieses Licht kommt im Wesentlichen aus der Photosphäre der Sonne (s. Abb. 2.2), deren Temperatur im Mittel 5500 °C beträgt. Dort ist es also immer noch ganz schön heiß; alle Materie befindet sich im gasförmigen Zustand. Das Licht breitet sich im leeren Raum dann gradlinig aus und ein kleiner Teil gelangt nach 8½ Minuten auch zu uns auf die Erde. Dort erwartet es ein Schicksal, wie wir es in Abbildung 1.9 gesehen hatten. Die gemessene Strahlungsleistung (»Solarkonstante«) beträgt bei senkrechtem Lichteinfall in der hohen Atmosphäre 1370 Watt pro Quadratmeter. Das gibt, über die bestrahlte Erdoberfläche summiert, die 170 Millionen Gigawatt (s. Abb. 2.1). Und das ist etwa das 10000-Fache dessen, was die ganze Menschheit an Energie braucht (s. Abb. 1.3 u. 2.1). Hier sieht man ganz klar: Unser Energieproblem ist kein Problem der Quantität, sondern der Qualität und der Verteilung, nämlich in welcher Form und wo wir die Energie benötigen: Wenn man sich in die Sonne legt, wird man zwar warm, aber nicht satt. Und wenn man die Sonne auf sein Auto scheinen lässt, dann bringt ihre Energie den Wagen nicht in Bewegung, sondern sie erwärmt ihn nur. Wir brauchen also einen Energiewandler, um den Wagen zu fahren.

Die Wärme, die wir bei Sonnenbestrahlung spüren, wird vor allem vom langwelligen infraroten Teil des Lichts, der sogenannten Wärmestrahlung verursacht. Das **Spektrum des Sonnenlichts** beschreibt die Intensität B_μ der Strahlung in Abhängigkeit von der Wellenlänge λ und ist in Abbildung 2.4 dargestellt. Die Intensität wird in Energie pro Quadratmeter und pro Wellenlängenintervall gemessen (1 µm = 1 tausendstel Millimeter). Sie ist im sichtbaren Bereich am größten, im ultravioletten etwa 100-mal kleiner und im infraroten Bereich rund 10-mal kleiner.

Licht kann als eine elektromagnetische Welle mit der Wellenlänge λ angesehen werden oder als ein Lichtteilchen (Quant bzw. Photon) mit der Energie ε_p. Dazu ist in der oberen Skala in Abbildung 2.4 diese Energie in Elektronenvolt (eV) angegeben. Je kleiner die Wellenlänge, umso größer ist die Energie. Für Gammastrahlung mit einer Wellenlänge von einem zehnmillionstel Millimeter beträgt die Energie etwa 10^{-16} J. Was das Licht »wirklich ist«, das kann niemand sagen, denn wir haben da-

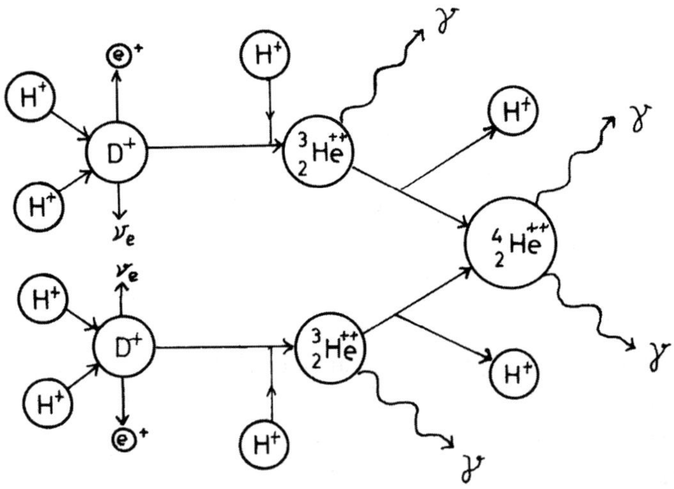

Abb. 2.3 Zur Energieproduktion in der Sonne. Aus vier Wasserstoff-Atomkernen (H^+) entsteht ein Helium-4-Atomkern (${}^4_2He^{++}$) und Gammastrahlung (γ) sowie Positronen (e^+) und Elektron-Neutrinos (ν_e). Die Pluszeichen an den Elementsymbolen bedeuten positive elektrische Ladungen.

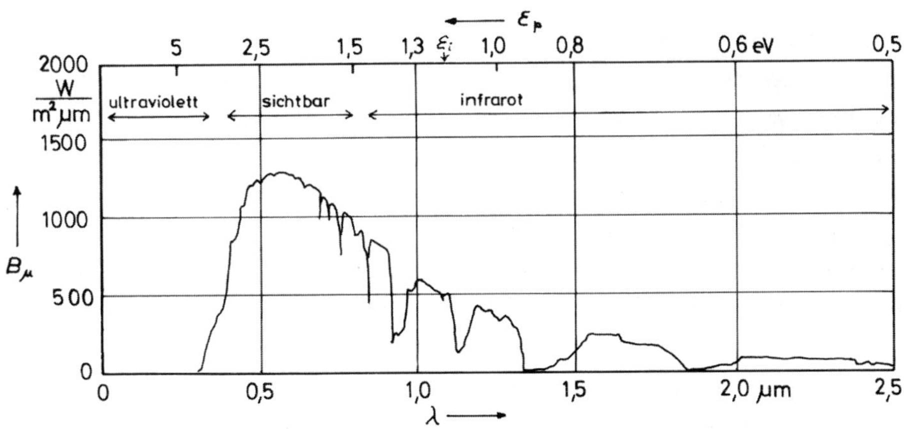

Abb. 2.4 Sonnenspektrum an der Erdoberfläche bei klarem Himmel und bei einem Sonnenstand von 42 ° über dem Horizont. Bestrahlungsdichte in W/m² pro Wellenlängenintervall in μm als Funktion der Wellenlänge λ und der Photonenenergie ε_p in eV (1 Elektronenvolt = $1{,}6 \cdot 10^{-19}$ J). Die Einschnitte im Spektrum rühren von der Absorption der Strahlung durch atmosphärische Gase her (nach A. Goetzberger u. a., »Sonnenenergie: Photovoltaik«, Stuttgart 1997).

für kein anschauliches Modell. Wir wissen nur, dass es sich, je nach Beobachtungsmethode, mal als Welle und mal wie ein Teilchen manifestiert.

2.2 Umwandlung der Sonnenenergie

Die 170 Millionen Gigawatt, die uns die Sonne insgesamt einstrahlt (s. Abb. 2.1), bzw. die 1370 Watt pro Quadratmeter der beschienenen Fläche stehen uns natürlich nicht vollständig zur Verfügung. Mittelt man über die ganze Erdoberfläche, über Tag und Nacht, über Sommer und Winter, und zieht die von der Atmosphäre reflektierte und absorbierte Leistung ab, so bleiben an der Erdoberfläche noch rund 170 Watt pro Quadratmeter übrig (s. Abb. 1.9). Dieser Wert schwankt je nach Bewölkung, Staubgehalt und Temperaturverteilung in der Troposphäre. Diese im Mittel 170 Watt pro Quadratmeter kommen als Licht- und Wärmestrahlung zu uns und werden in der Natur in vielfacher Weise in andere, sekundäre Energieformen umgewandelt: zum Beispiel in Bewegungsenergie als Wind, Wellen, Wasserströmungen usw. In der Abbildung 2.5 ist das irdische Schicksal der Sonnenstrahlung quantitativ erläutert. Hier sind auch die Erdwärme und die Gezeitenenergie mit erfasst, die wir später behandeln werden. Weniger als ein Promille der einfallenden Lichtenergie werden durch das Chlorophyll der Pflanzen und Algen mit Hilfe von Kohlendioxid und Wasser zu Sauerstoff und **Biomasse** umgesetzt. Dieser kleine Teil der Sonnenenergie reicht aus, um die ganze Menschheit und alle Tiere mit Sauerstoff und Nahrung zu versorgen! Die Photosynthese besprechen wir ausführlich im Abschnitt 6.1. Die Biomasse wird heute vielfältig genutzt. Etwa 700 Gigawatt werden für menschliche Nahrung und als Tierfutter verwendet (s. Abb. 1.4). Das sind 1,5 % der gesamten Photosyntheseleistung. Ungefähr die dreifache Menge, 2000 Gigawatt, werden beim Kochen und Heizen verbrannt. Weitere 1500 Gigawatt werden technisch genutzt, als Brennstoff zur Stromerzeugung und zur Herstellung von Biokraftstoffen für Verbrennungsmotoren.

Gegen die technische Verwendung von Biomasse werden oft zwei Einwände erhoben: Sie schmälert die Nahrungsmittelproduktion, weil

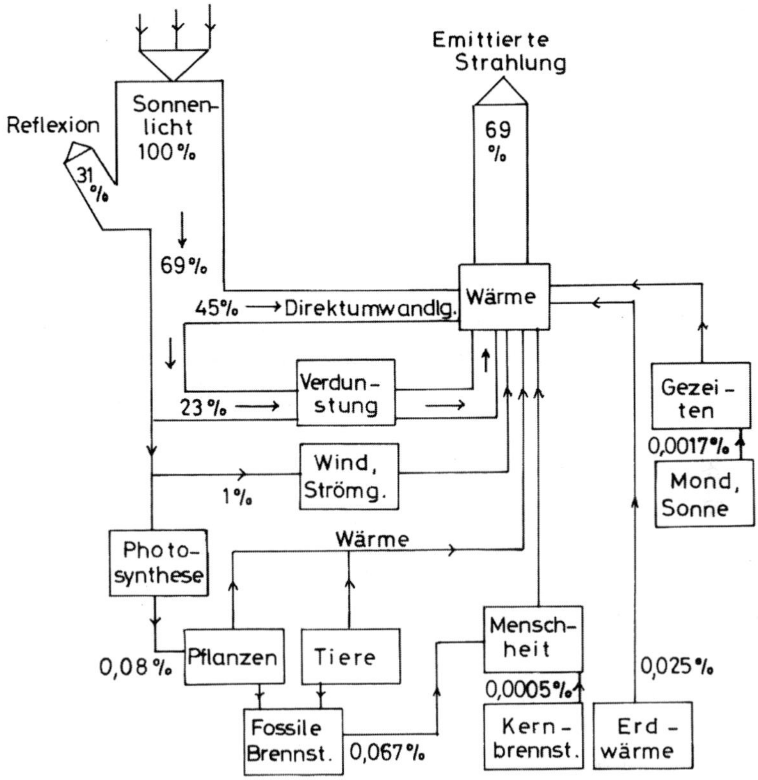

Abb. 2.5 Energieflussdiagramm der Erde (nach R. Wolfson, »Energy, Environment and Climate«, New York 2008). Die Prozentangaben beruhen auf anderen Schätzungen als in Abb. 2.1 und weichen etwas von diesen ab.

sie dafür nutzbare Flächen benötigt. Und sie vermindert die Biodiversität, indem sie ökologisch wertvolle Flächen wie Regenwald, Moore, Savannen usw. dem Anbau von Monokulturen opfert. Beide Argumente treffen nur in geringem Umfang zu und ließen sich durch ökologisch sinnvolles Handeln aus der Welt schaffen. Erstens steht genügend Abfallmaterial zur Verfügung, um es als Biomasse zu nutzen: Holzabfälle, Stroh, Pflanzenreste, Algen usw. Man braucht also keine Nahrungspflanzen zu »verheizen«. Zweitens gibt es weltweit genügend brachliegendes bzw. ungenutztes Land (s. Abb. 2.6), um die benötigten Mengen anzubauen. Das ist allerdings in Deutschland nicht der Fall.

Als positive Aspekte der technischen Nutzung von Biomasse muss man beachten, dass sie erstens »unerschöpflich« ist, das heißt, sie wächst immer wieder nach. Zweitens ist sie kontinuierlich und planbar vorhanden, im Gegensatz zu den anderen sekundären Sonnenenergien, Wind und Strahlung für Solarthermie und Photovoltaik. Drittens ist die Nutzung von Biomasse »CO_2-neutral«. Wenn nämlich nur soviel verbraucht wird wie nachwächst, dann entsteht kein zusätzliches Kohlendioxid, das zum Treibhauseffekt beiträgt.

Sonnenenergie-Wandler

Die verschiedenen sekundären Formen von Strahlungs-, Licht- und Wärmeenergie, die uns die Sonne liefert, können in vielfacher Weise technisch genutzt werden. Das geschieht ja schon lange in großem Umfang mit der Bewegungsenergie von Wasser und Wind. Wasserräder und Windmühlen gibt es schon seit alter Zeit. Die modernen Versionen, Turbinen und Windräder, sind jedoch in stürmischer Entwicklung begriffen. Das Gleiche gilt für die solarthermischen Kollektoren und Kraftwerke sowie für die Solarzellen und die Photovoltaik. Die für diese **alternativen Energien** benötigten Geräte und Verfahren werden heute wissenschaftlich und technisch intensiv erforscht. Und sie sind bald konkurrenzfähig mit der Stromerzeugung aus konventionellen Anlagen. Weit weniger entwickelt sind noch die Verfahren zur Nutzung von Wellenenergie und Meeresströmungen. Wir besprechen alle hier relevanten Energiewandler ausführlich im Kapitel 4. Um aber beurteilen zu können, wieviel Sonnenenergie in einem bestimmten Wandler in eine bestimmte andere Energieform transformiert werden kann, müssen wir etwas Thermodynamik lernen. Das geschieht im folgenden Kapitel 3.

2.3 Potenziale der Sonnenenergie

Im Zusammenhang mit der Nutzung der Sonnenenergie ist es vor allem wichtig zu wissen, wieviel Leistung die verschiedenen alternativen Energieformen weltweit liefern können, wenn man alle existierenden

Ressourcen und Standorte einbezieht. Dabei muss man mit der konventionellen Energieumwandlung einschließlich der Atomkernenergie kostenmäßig konkurrenzfähig sein; und man muss die Umwelt schonen. Unter diesen Bedingungen schätzt man die **Potenziale** – so nennt man die maximalen Leistungsmöglichkeiten – für die verschiedenen sekundären Formen der Sonnenenergie und kommt dabei zu folgenden Ergebnissen:

- Aus **Windenergie** ließen sich weltweit mindestens etwa 6000 Gigawatt elektrischer Energie gewinnen. Das entspräche etwas mehr als der Hälfte des gesamten Endenergiebedarfs im Jahr 2003 oder mehr als dem Doppelten des gesamten Bedarfs an elektrischer Energie im Jahr 2011 (s. Abb. 1.4).
- Bei den **Wasserkraftwerken** an Flüssen kann man die heutige Kapazität höchstens noch verdoppeln, nämlich auf etwa 2500 Gigawatt. Viele der nutzbaren Flussgefälle sind heute schon mit Staudämmen und Kraftwerken bestückt.
- **Meereswellen** und **Meeresströmungen** stellen noch ein erhebliches Potenzial dar, weil die Methoden zur Umwandlung ihrer Bewegungsenergie in elektrische Energie noch in den Kinderschuhen stecken (s. Abschn. 4.4). Es lässt sich daher schwer schätzen, wieviel Energie weltweit daraus gewonnen werden könnte und zu welchem Preis. Man kann jedoch davon ausgehen, dass hier etwa soviel zu holen sein wird wie aus der Wasserkraft der Flüsse, mindestens etwa 2500 Gigawatt, entsprechend unserem gesamten Bedarf an elektrischer Energie (s. Abb. 1.4).
- Die Methoden der **Solarthermie** und **Photovoltaik** könnten jede ein Vielfaches des zukünftigen Energiebedarfs der Menschheit liefern. Hier stünden in den Wüsten etwa ein Zehntel der Festlandsfläche der Erde zur Verfügung, ohne die Umwelt zu sehr zu belasten, etwa 15 Millionen Quadratkilometer. Für 10 Milliarden Menschen im Jahr 2050 wären das 1500 Quadratmeter pro Person. Das ist etwa das Zehnfache der Fläche, die wir benötigten, um unseren gesamten Energiebedarf zu decken, wie wir im nächsten Abschnitt sehen werden. Ein Prozent aller Wüstenflächen würde also genügen! Das entspricht etwa der Fläche des Bundesstaats Nevada in den USA.

Wir besprechen die Potenziale der alternativen Energieformen sowie ihre Vor- und Nachteile nochmal ausführlicher im Abschnitt 5.1, nachdem wir im vierten Kapitel die entsprechenden Energiewandler besser kennengelernt haben.

2.4 Flächenbedarf der Sonnenenergie

Nun wollen wir untersuchen, welcher Anteil der Erdoberfläche benötigt würde, um den gesamten Energiebedarf für 10 Milliarden Menschen im Jahr 2050 durch Sonnenstrahlung zu decken. Dazu müssen wir zwei Dinge wissen: erstens, wieviel Festlandsfläche pro Person uns überhaupt zur Verfügung steht, und zweitens, wieviel Fläche man braucht, um den Energiebedarf zu befriedigen. Teilen wir die gesamten 135 Millionen Quadratkilometer fester Erdoberfläche (ohne Antarktis) unter 10 Milliarden Personen auf, so bekommt jeder 13500 Quadratmeter Festland. Die Abbildung 2.6 zeigt, wie diese Fläche den einzelnen Bedürfnissen des durchschnittlichen Menschen zugeordnet werden kann. Teilen wir andererseits den nach Abbildung 1.7 für das Jahr 2050 berechneten gesamten Leistungsbedarf von 26000 Gigawatt durch 10 Milliarden Personen, so entfallen auf jeden etwa 2,6 Kilowatt. Die am Boden verfügbare Sonnenenergie liefert, wie oben erwähnt, etwa 170 Watt pro Quadratmeter. Wir nehmen an, dass mit Solarzellen (s. Abschn. 4.3) 10% dieser Leistung in nutzbare Elektrizität umgesetzt werden kann. Dies ist eine sehr vorsichtige Annahme. Sie entspricht einem Verhältnis von Nutzenergie zu Primärenergie, einem »Wirkungsgrad«, von 10% (s. Abschn. 4.1). Wahrscheinlich wird aber der mittlere Wirkungsgrad von Sonnenenergie-Wandlern bis 2050 auf mindestens 20% gesteigert werden können. Er liegt heute schon für die Photovoltaik bei maximal 25% und für solarthermische Kraftwerke bei 30%, für Solarkollektoren sogar bei 60% und für Windräder bei 50% (s. Abschn. 5.1). Mit den konservativen 10% können wir also 17 Watt pro Quadratmeter photovoltaisch gewinnen. Um den Bedarf von 2,6 Kilowatt zu decken, braucht man eine Fläche von 2600 : 17 = 153 Quadratmetern. Diese Fläche ist in Abbildung 2.6 markiert. Sie beträgt etwa 1/30 des pro Person ungenutzten Landes. Das ist wirklich nicht viel und dürfte unsere Lebensqualität nicht negativ beeinflussen.

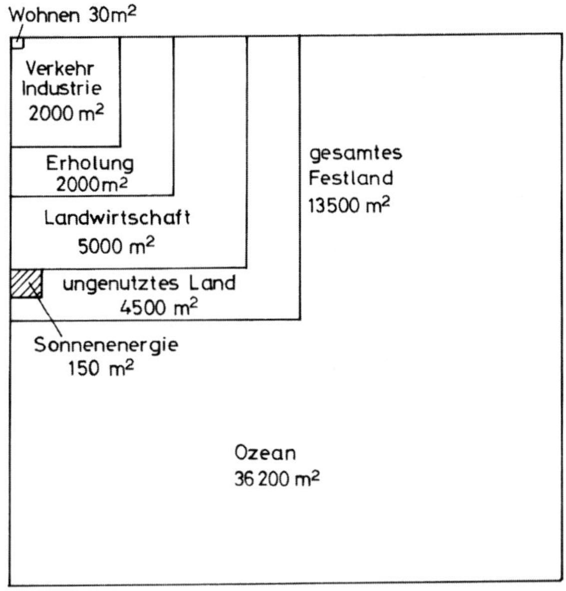

Abb. 2.6 Verfügbare Flächen (ohne Antarktis) pro Person bei einer Weltbevölkerung von 10 Milliarden Menschen mit mitteleuropäischem Lebensstandard.

In dicht besiedelten Gebieten wie in Mitteleuropa oder Südostasien ist es natürlich schwieriger, die 150 Quadratmeter ungenutzten Landes pro Person überall zu finden. Die hierfür notwendige Energie muss also in dünn besiedelten Gebieten gewonnen und in die dichtbesiedelten transportiert werden. Das Transportproblem besprechen wir im Abschnitt 5.2.

Die hier genannten Zahlen beziehen sich wohlgemerkt auf den gesamten Bedarf an sekundärer Leistung bzw. Endenergie (s. Abb. 1.4). Wollte man allein den Elektrizitätsbedarf durch photovoltaisch genutzte Sonnenenergie decken, so bräuchte man nur etwa ein Fünftel der genannten Flächen. Für den Elektrizitätsbedarf Deutschlands (70 Gigawatt im Jahr 2011) wäre das bei einem Solarzellen-Wirkungsgrad von 10% etwa das Vierfache aller nutzbaren Dachflächen oder aber aller übrigen photovoltaisch geeigneten Freiflächen (Fassaden, versiegelte Flächen, Ränder von Schienenwegen und Autobahnen). Bei einem Wirkungsgrad von 20% könnten alle diese Flächen zusammen unseren Elektrizitätsbedarf vollständig decken.

Zusammenfassung

Die Sonne liefert uns weit mehr als genug Energie, um den Bedarf der wachsenden Menschheit auch in Zukunft zu decken. Warum haben wir die Sonnenenergie bisher nur zu einem Prozent genutzt? Das liegt vor allem an wirtschaftlichen Interessen. Mit den konventionellen Energieumwandlungsmethoden wird sehr viel Geld verdient. In die Förderung der Atomkernenergie sind in den vergangenen 60 Jahren allein im Westen etwa 1000 Milliarden Dollar investiert worden. Diese Mittel kamen zum größten Teil aus dem militärischen Bereich. Für die Förderung der Sonnenenergie wurden nur wenige Prozent jener Summe aufgebracht. Ein modernes Kernkraftwerk erbringt einen Gewinn von rund 250 Millionen Euro im Jahr; ein großes Kohle- oder Gaskraftwerk fast ebenso viel. Mit einer entsprechenden Solarenergieanlage verdient man aber zurzeit erst wenige Prozent davon.

Die Unfälle in Kernkraftwerken und die steigenden Entsorgungskosten derselben sowie das CO_2-Problem und der Klimawandel haben seit etwa zehn Jahren weltweit ein gewisses Umdenken eingeleitet. Die Sonnenenergie wird langsam »salonfähig«. Wenn es so weitergeht, können wir im Jahr 2050 mindestens die Hälfte unseres Energiebedarfs von der Sonne beziehen. Das werden uns unsere Enkel und Urenkel danken, denn wir hinterlassen ihnen dann wenigstens kleine Reste der wertvollen Rohstoffe Kohle, Erdöl und Erdgas. Aus diesen kann man nämlich einfach und billig viele nützliche chemische Produkte herstellen, Kunststoffe (»Plastik«), Kraftstoffe, Farben, Textilien usw., für deren Erzeugung es bisher keine anderen vergleichbar günstigen Verfahren gibt. Wir dürfen die fossilen Rohstoffe also nicht bis zum letzten Rest verbrauchen. Und dabei hilft uns die Sonne.

Kapitel 3
Thermodynamik, die Physik der Wärme

In diesem Kapitel wollen wir die Umwandlung verschiedener Energieformen, wie sie in Abbildung 1.1 skizziert sind, verstehen lernen. Dabei wird es etwas physikalisch und wir werden uns an unsere Schulzeit erinnern müssen. Wir werden die Hauptsätze der Wärmelehre bzw. der Thermodynamik kennenlernen sowie die physikalische Bedeutung der Temperatur, der Wärme und der Entropie. Das geht nicht ohne einige formelmäßige Beziehungen. Zwar kann man die Arbeitsweise und den Wirkungsgrad der Energiewandler, die wir im nächsten Kapitel besprechen, auch mit unseren gefühlsmäßigen Vorstellungen von Temperatur und Wärme verstehen. Um aber solche Geräte und Maschinen quantitativ beurteilen und vergleichen zu können, muss man genau wissen, was mit den Betriebsmitteln beim Betrieb der Maschinen geschieht. Insbesondere versteht man die Möglichkeiten und Grenzen der Umwandlung von Wärme in Bewegungsenergie oder in elektrische Energie nur dann, wenn man das Wesen der Entropie begriffen hat. Diese Größe ist uns aus dem täglichen Leben ja nicht bekannt. Sie ist unter gewissen Bedingungen nichts weiter als das Verhältnis von Wärme zu Temperatur, im Allgemeinen aber ein Ausdruck für die Zahl der Verteilungsmöglichkeiten der Energie auf die Atome eines Körpers. Die Entropie ist die fundamentale Größe der Thermodynamik und sie bestimmt, welche Energiewandler für welche Umwandlungen geeignet sind und welche nicht.

Dabei geht es um die folgende Frage: Welche Erscheinungsformen der Energie lassen sich unter welchen Bedingungen in welche anderen Formen umwandeln und mit welchem Wirkungsgrad? Physiker idealisieren einen Energiewandler durch ein sogenanntes **thermodynamisches System**. Das ist ein abgeschlossener Raum, der die umzuwandelnden Energieformen enthält sowie eine Maschine (den »Wandler«) und eventuell einen Abfallbehälter (Abb. 3.1). Ansonsten ist der Raum verschlossen; es kann nichts dazukommen und nichts entweichen. Was in diesem System pas-

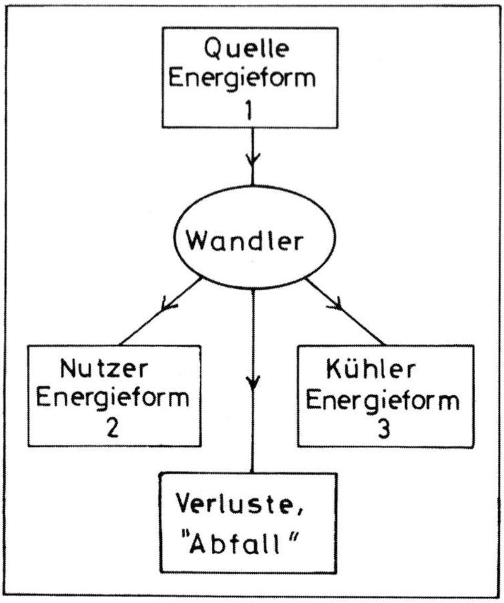

Abb. 3.1 Die Bestandteile eines thermodynamischen Systems zur Energieumwandlung.

sieren kann und was nicht, das ist Gegenstand der Thermodynamik und ihrer Gesetze. Ein solches System besteht zum Beispiel aus einer Ölquelle mit einem Heizkessel als Energielieferant, einer Dampfturbine und einem Generator als Wandler, einem Elektromotor als Energieverbraucher, einem Kühler sowie einem »Abfallbehälter« für Energieverluste.

Wem dieses Kapitel zu physikalisch bzw. zu schwierig erscheint, der kann es überspringen. Man verzichtet dabei nur auf den angenehmen Erkenntnisgewinn. Die folgenden Kapitel kann man trotzdem verstehen.

3.1 Temperatur und Wärme

Bevor wir die Gesetze der Thermodynamik kennenlernen, müssen wir wissen, was die darin vorkommenden Größen bedeuten. Diese sind die Energie, die Arbeit, die Wärme und die Temperatur. Später kommt noch die Entropie dazu.

Was Energie ist, haben wir schon im Abschnitt 1.1 besprochen. Wir erinnern uns: es ist »die Fähigkeit, Arbeit zu leisten« oder es ist »alles, was in Wärme verwandelt werden kann«. Und was sind nun Arbeit und Wärme? Arbeit kennen wir aus dem täglichen Leben. In der Schule haben wir gelernt: »Arbeit ist Kraft mal Weg«. Das ist zum Beispiel die Kraft, mit der man eine Last eine Strecke weit hebt, multipliziert mit dieser Wegstrecke.

Die Größen Wärme und Temperatur hängen eng zusammen. Wir kennen das von jedem Thermometer. Wenn man es erwärmt, das heißt ihm Energie in Form von Wärme zuführt, dann steigt die angezeigte Temperatur. Und die Temperatur ist eine bekannte Eigenschaft aller Gegenstände. Jeder Körper hat eine bestimmte Temperatur. Die Wärme aber ist etwas anderes. Wenn wir zwei Gegenstände von verschiedener Temperatur in Berührung bringen, dann wissen wir aus Erfahrung, dass ihre Temperaturen sich einander angleichen. Geben wir zum Beispiel einer Person, die aus der Kälte kommt, unsere warme Hand und halten die ihre fest, dann werden beide Hände mit der Zeit gleich warm. Sie haben dann die gleiche Temperatur angenommen. Was dabei zwischen den Händen vor sich geht, ist Transport der Energie in Form von Wärme von der wärmeren zur kälteren Hand. Ganz ähnlich verhält es sich beim Messen unserer Körpertemperatur mit einem Fieberthermometer. Dieses ist zu Anfang kälter als unser Körper. Beim innigen Kontakt zwischen beiden fließt Energie in Form von Wärme vom Körper zum Thermometer, solange, bis beide die gleiche Temperatur haben. Dann hört der Energiefluss auf. Wärme ist also eine in ganz bestimmter Weise transportierte Energie, und zwar zwischen zwei Körpern von verschiedener Temperatur.

Hier sollten wir sorgfältig auf den Sprachgebrauch achten. Das Wort Wärme wird nämlich in zweierlei Bedeutung verwendet: Einmal in der Umgangssprache für eine *Energieform* in der Bedeutung Wärmeenergie oder thermische Energie (s. z.B. Abb. 1.1). Die physikalisch exakte Bedeutung ist jedoch die eines *Energietransports* bzw. Energieflusses unter einer ganz bestimmten Bedingung, nämlich dem Vorhandensein einer Temperaturdifferenz zwischen zwei Körpern. Wir werden hier dem allgemeinen Gebrauch folgen und oft einfach von Wärme sprechen. Wir wissen ja nun, wie das gemeint ist.

An einem Thermometer kann man die angezeigte Temperatur meist auf einer Strichskala in »Graden« ablesen, bei elektrischen Thermometern in Zahlen. Um vergleichbare Werte zu erhalten, hat man sich bei der Herstellung von Thermometern auf bestimmte Skalen und Fixpunkte geeinigt. Am bekanntesten ist die Celsius-Skala (Kennzeichen °C) nach Anders Celsius (1701 – 1744). Bei ihr liegt der Gefrierpunkt des Wassers bei 0 °C und sein Siedepunkt bei 100 °C. In angelsächsischen Ländern benutzt man heute noch die Fahrenheit-Skala (Kennzeichen °F, nach Gabriel D. Fahrenheit, 1686 – 1736). Hier liegt der Nullpunkt (0 °F) bei der Temperatur einer Eis-Salz-Kältemischung, entsprechend –17,78 °C, der Gefrierpunkt des Wassers bei 32 °F und sein Siedepunkt bei 212 °F. In einzelnen Ländern gab es noch mehrere andere Skalen (Rankine, Reaumur usw.). Das führte zu wachsender Verwirrung. Physiker und Ingenieure einigten sich daher auf eine international verbindliche Skala. Sie ist nach William Thomson, Lord Kelvin (1824 – 1907) benannt (Kennzeichen K, ohne °). Diese Kelvin-Skala hat ihren Nullpunkt bei –273,15 °C, der tiefsten erreichbaren Temperatur. Der Gefrierpunkt des Wassers liegt bei 273,15 K und sein Siedepunkt bei 373,15 K. Auf dieser Skala sind alle Temperaturen größer als Null, während es auf den anderen positive und negative Temperaturen gibt.

Mit diesen Wiederholungen aus der Schule sind wir nun in der Lage, die Gesetze der Thermodynamik zu verstehen.

3.2 Erster Hauptsatz der Thermodynamik

Zu Beginn des 18. Jahrhunderts waren die ersten Dampfmaschinen im Gebrauch. Mit ihnen konnte man Wärme in Bewegungsenergie umwandeln. Sie wurden vor allem im Bergbau eingesetzt, um Wasser und Abbauprodukte aus der Tiefe an die Oberfläche zu ziehen. Heute sind solche Dampfmaschinen aus unserer technischen Welt weitgehend verschwunden. Man kennt sie höchstens noch als Spielzeug und als Eisenbahnlokomotiven. Lange Zeit bestand ein Problem darin, Wärme in möglichst viel mechanische Arbeit umzuwandeln. Abbildung 3.2 zeigt eine solche alte Dampfmaschine. Im Lauf der Zeit stellte sich heraus, dass es unmöglich war, Wärmeenergie vollständig in mechanische Arbeit umzuwandeln. Immer blieb ein Teil der Wärme ungenutzt zurück, so sehr sich die Konstrukteure der Maschinen auch bemühten.

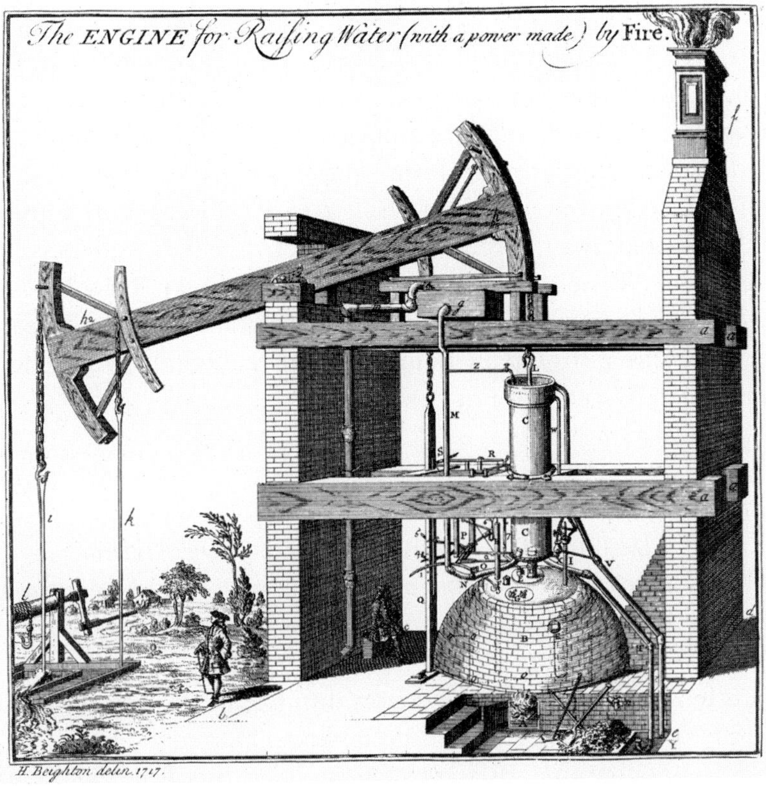

Abb. 3.2 Dampfmaschine von T. Newcomen 1717. Im Kessel rechts wird durch Feuerung Wasser erwärmt. Durch abwechselnde Heizung und Kühlung des Dampfes wird ein Kolben in dem Zylinder über dem Kessel auf- und abbewegt. Dabei kippt der große horizontale Balken wechselweise nach rechts und nach links um seine Achse. An seinem linken Ende wird mechanische Arbeit verrichtet, zum Beispiel durch Heben einer Last (Foto: Deutsches Museum).

Das Umgekehrte – die Umwandlung von Arbeit in Wärme – war dagegen vollständig möglich. Das hatte Benjamin Thomson (Graf Rumford, 1753–1814) beim Bohren von Kanonenrohren für die bayerische Armee gezeigt. Die Bohrarbeit verschwand fast vollständig in den Metallrohren und diese wurden dafür warm. Den Unterschied bei der Umwandlung von Arbeit in Wärme und umgekehrt erkannte der Ingenieur Sadi Carnot (1796–1832) und schloss daraus, dass Wärme (Q) und Arbeit (W) zwei *qualitativ verschiedene Formen* von Energie sein müssen.

Um die Mitte des 19. Jahrhunderts wurde klar, dass man einem Objekt im Allgemeinen nicht anmerken kann, ob seine Energie durch Erwärmung oder durch Verrichtung von Arbeit zustande kam oder geändert wurde. So kann man etwa einem Topf mit Wasser auf zwei verschiedene Arten Energie zuführen: entweder als Wärme, indem man einen Tauchsieder hineinsteckt, oder durch heftiges Umrühren oder Schütteln, wobei man Arbeit verrichtet. In beiden Fällen steigt die Energie E des Wassers und damit seine Temperatur. Nachher ist dem Wasser aber nicht mehr anzusehen, wie das gemacht wurde. Bezeichnen wir die Änderungen allgemein mit Δ (sprich: Delta), so gilt der **erste Hauptsatz** der Wärmelehre in der Form

$$\Delta E = \Delta Q + \Delta W \tag{3.1}$$

nach Rudolf Clausius (1822–1888). In Worten: *Die Änderung der Energie eines Körpers ist gleich der Summe aus der ihm zu- oder abgeführten Wärme und der ihm zu- oder abgeführten Arbeit.* Was wir als Ergebnis eines der genannten Versuche feststellen können, ist immer nur die Zunahme ΔE der Energie, nicht aber, wieviel davon durch Erwärmung ΔQ und wieviel durch Arbeitsleistung ΔW zustande kam. Der erste Hauptsatz in der Form (3.1) ist also eine **Bilanzgleichung für die Energie** E. Ob die Energiezunahme durch Wärme oder Arbeit erfolgt, kann man nur während dieses Vorgangs selbst feststellen, nachher aber nicht mehr. Daher nennt man die Wärme und die Arbeit auch **Übertragungsgrößen der Energie.** Dagegen ist E selbst irgendeine der **Energieformen,** die wir in der Abbildung 1.1 kennengelernt haben. Selbstverständlich kann die Energie und damit die Temperatur eines Körpers auch abnehmen, wenn man ihn kühlt ($\Delta Q < 0$) oder ihn Arbeit leisten lässt ($\Delta W < 0$). Dann ist ΔE in Gleichung (3.1) negativ. Der hier beschriebene Austausch von Wärme und Arbeit ist in Abbildung 3.3 anschaulich skizziert.

Bisher haben wir immer nur von mechanischer Arbeit gesprochen, die durch Bewegung eines Objekts gekennzeichnet ist. Im Laufe des 19. Jahrhunderts entdeckte man, dass es noch andere Arten von Arbeit gibt: magnetische, elektrische, chemische usw. So muss man zum Beispiel Arbeit verrichten, das heißt Energie aufwenden, wenn man zwei entgegengesetzte Magnetpole oder zwei entgegengesetzte elektri-

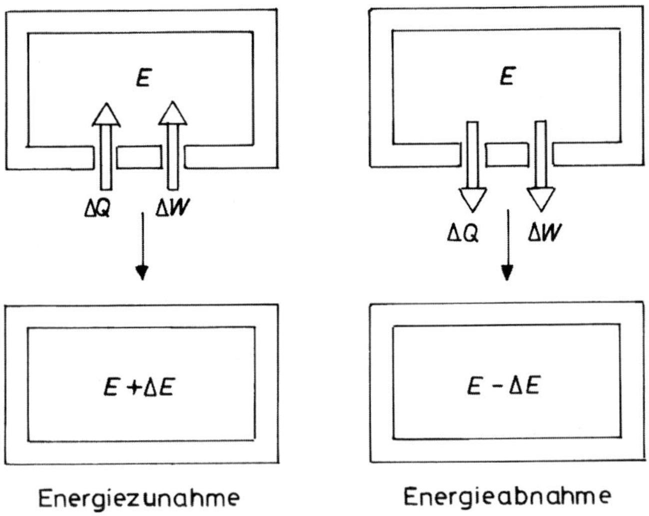

Abb. 3.3 Zum ersten Hauptsatz der Thermodynamik (Gl. (3.1)).

sche Ladungen voneinander trennen will. Beispiele sind das Wegziehen eines Hufeisenmagneten von einer Eisenplatte oder die Ionisierung eines Atoms. Bei der Ionisierung wird ein negativ geladenes Elektron von einem positiv geladenen Atomkern getrennt. Als chemische Arbeit bezeichnet man etwa die Energie zur Spaltung von Wasser (H_2O) in Wasserstoff (H_2) und Sauerstoff (O_2).

Alle diese Arten von Arbeit unterscheiden sich dadurch von der Wärme, dass bei ihrer Verrichtung die Temperaturdifferenz zur Umgebung keine Rolle spielt. Bei der Wärme ist das dagegen nicht der Fall. Wärmeenergie wird nur dann zwischen zwei Objekten ausgetauscht, wenn ihre Temperaturen verschieden sind. Und dann verändern sich diese natürlich während des Austauschs. Die Temperatur des wärmeren Körpers nimmt ab, die des kälteren nimmt zu. Das ist der grundsätzliche Unterschied zwischen den Energie-Übertragungsarten Wärme und Arbeit: Nur bei der Wärme ist eine Temperaturdifferenz notwendig, bei der Arbeit nicht.

3.3 Die Temperatur näher betrachtet

Nachdem wir nun wissen, was Wärme und Arbeit für Arten von Energieübertragung sind, kommen wir zur Frage nach dem Wesen der Temperatur. Wir müssen eine möglichst genaue Vorstellung von ihr haben, denn wir hatten die Wärme ja als eine allein von den Temperaturunterschieden der beteiligten Körper bewirkte Energieänderung erkannt. Bekanntermaßen haben wir bestimmte Sinnesorgane für das Temperaturgefühl. Sie bestehen aus speziellen Nervenzellen, die einige Zehntel Millimeter unter der Hautoberfläche sitzen, und zwar etwa 10 bis 100 Stück pro Quadratzentimeter Haut. Erst bei einer Differenz von rund 5 Grad zur normalen Hauttemperatur sprechen sie an. Das heißt, sie senden elektrische Impulse zum Gehirn. Dort entsteht dann das Temperaturgefühl. Unser biologisches Thermometer ist also nicht sehr genau, aber es reicht für die elementaren Lebensbedürfnisse.

Was wissen wir noch über die Temperatur? Die Erfahrung sagt uns, dass die Temperatur eines Körpers mit seiner Energie kontinuierlich anwächst: Zum Erhitzen eines Körpers muss man ihm Energie zuführen, beim Abkühlen wird Energie frei. Ein anderes wichtiges Beobachtungsergebnis ist die **Brownsche Bewegung** (nach Robert Brown, 1773–1858): Unter dem Mikroskop sieht man kleine Teilchen von einigen Zehntel Mikrometer Durchmesser in permanenter ungeordneter Bewegung (1 Mikrometer = 1 tausendstel Millimeter). Und die Geschwindigkeit dieser Bewegung nimmt mit wachsender Temperatur zu. Bei 200 °C ist sie etwa doppelt so groß wie bei 0 °C. Temperatur hat also etwas mit der Bewegung der kleinsten Bestandteile der Materie zu tun. Das sind die Atome und Moleküle. Alle Atome des Weltalls sind seit seiner Entstehung in ständiger Bewegung begriffen. Und diese Bewegung ist ein Maß für die Temperatur der Körper. Der quantitative Zusammenhang zwischen der Energie E bzw. der mittleren Geschwindigkeit v, mit der sich die Atome bzw. Moleküle bewegen, und der Temperatur ist für jede Art von Substanz ein anderer. Am einfachsten lässt sich dieser Zusammenhang für ein ideales Gas angeben. Das ist ein Stoff, bei dem der Abstand der Moleküle groß gegenüber ihrem Durchmesser ist und in dem die Moleküle nur während eines Zusammenstoßes Kräfte aufeinander ausüben. Die Eigenschaften der

Luft kommen bei alltäglichen Bedingungen der Temperatur und des Druckes so einem idealen Gas sehr nahe. Aus der Schule kennen wir vielleicht noch folgende Formeln für die Temperatur (in Kelvin!) eines idealen Gases:

$$T = \frac{PV}{kN} \quad \text{bzw.} \quad T = \frac{2E}{3kN} = \frac{mv^2}{3kN}. \qquad (3.2\ \text{a,b})$$

Dabei ist k die sogenannte Boltzmann-Konstante, eine universelle Naturkonstante ($k = 1{,}381 \cdot 10^{-23}$ J/K, nach Ludwig Boltzmann, 1844–1906), N die Anzahl der Moleküle im Volumen V, m ihre Masse und P der Druck, den sie auf die Wand eines Behälters ausüben. Ebenso wie auf eine solche Wand stoßen die Atome bzw. Moleküle der Luft mit ihrer Geschwindigkeit v auch auf die oben beschriebenen Sinneszellen unserer Haut und rufen dort die Temperaturempfindung hervor. Die kinetische Energie E ist $mv^2/2$, also Masse mal Quadrat der Geschwindigkeit geteilt durch 2. Die Geschwindigkeit der Luftmoleküle beträgt bei 20 °C etwa 460 m/s, bei 25 °C 465 m/s. Diesen Unterschied können unsere Temperaturzellen gerade noch wahrnehmen.

Jetzt wissen wir für ein ideales Gas, was Temperatur ist, nämlich das durch die Gleichungen (3.2) gegebene Maß für die Energie E bzw. die Geschwindigkeit v der Moleküle. Bei Flüssigkeiten und festen Körpern ist der Zusammenhang ähnlich, nur etwas komplizierter.

3.4 Zweiter Hauptsatz der Thermodynamik

Vielleicht haben Sie sich schon einmal gefragt, warum bei Kraftwerken Kühltürme stehen? In diesen bis zu 200 Meter hohen Riesenbauwerken wird das bei der Umwandlung von Wärme in Arbeit anfallende heiße oder dampfförmige Wasser, das aus den Turbinen kommt, auf die Temperatur der umgebenden Luft heruntergekühlt. Es wird unten im Kühlturm versprüht und kühlt sich durch Verdunstung ab. Die Wärme wird an die Luft übertragen und diese steigt im Kühlturm nach oben, der wie ein Kamin wirkt. Deswegen muss er möglichst hoch sein. Ein Teil des verdunsteten Wassers entweicht oben aus dem Turm als Nebel. Ein anderer Teil kondensiert wieder und sammelt sich in einem Becken unter dem Kühlturm. Bei einem großen Kraftwerk mit 1 Gigawatt Leistung werden pro Sekunde rund 400 Kilogramm Wasser verdunstet! Man kann sich fragen, warum man das Wasser überhaupt künstlich kühlen muss? Würde es nicht genügen, es wieder in die Flüsse und Seen zu leiten, woher man es genommen hat? Nein, denn dann würden diese Flüsse und Seen in kurzer Zeit anfangen zu kochen. Ein Kühlturm dagegen überträgt die dem Heißwasser entzogene Wärme an die Luft. Er erfüllt aber noch einen anderen Zweck: Er produziert Entropie. Und damit wären wir wieder bei der Thermodynamik.

Dem Physiker Rudolf Clausius, der uns den ersten Hauptsatz (Gl. (3.1)) beschert hat, verdanken wir noch einen zweiten solchen. Er lautet: *In einem abgeschlossenen makroskopischen System kann die **Entropie** (S) praktisch niemals abnehmen.* Als Formel geschrieben heißt das

$$\Delta S/\Delta t \geq 0 \quad \text{(abgeschl. Syst.)}. \qquad (3.3)$$

Die Änderung von S geteilt durch die Änderung der Zeit t ist also fast immer positiv oder Null. Das heißt, die Größe S kann mit der Zeit t höchstens wachsen, aber nicht abnehmen. Hier ist nun zweierlei zu erklären: Was heißt »abgeschlossenes makroskopisches System« und was ist diese »Entropie«?

Als *abgeschlossenes System* bezeichnet man einen Teil der Welt, der durch einen Behälter begrenzt ist, durch dessen Wände absolut nichts hindurchgehen kann, weder Wärme noch Arbeit noch Materie noch Strahlung in irgendeiner Form. Ein Beispiel für ein in guter Näherung abgeschlossenes System ist eine verschlossene Thermoskanne. *Makroskopisch* heißt ein System, wenn die relativen Schwankungen $\delta X/X$ seiner Eigenschaften (Symbol X) um ihren Mittelwert kleiner als etwa 1% sind. Eine solche Eigenschaft ist zum Beispiel die Dichte. Die Statistik ergibt, dass δX proportional zu $\sqrt{X}$ ist, also $\delta X/X \sim 1/\sqrt{X}$. So ist in einem System von $N =$ 10 000 Atomen mit $\delta N \cong 100$ die relative Schwankung der Atomzahl $\delta N/N \cong 0{,}01$ bzw. 1 Prozent. Das System verhält sich demnach makroskopisch.

Nun zur *Entropie*: Sie ist eine physikalische Größe, die wir aus dem täglichen Leben nicht kennen. Sie erscheint uns daher zunächst ungewohnt und abstrakt. Clausius hat damit die schon von Carnot formulierte Erfahrung beschrieben, dass bei einer Dampfmaschine das Verhältnis der übertragenen Wärme und der Temperatur, $\Delta Q/T$, eine wichtige Rolle spielt. Clausius hat für diese Größe den Namen Entropie gewählt, um ein der Energie ähnliches Wort zu haben. Entropie kommt vom griechischen τροπή, das heißt Verwandlung. Ein aus zwei einfachen Größen zusammengesetzter Ausdruck wie $\Delta Q/T$ ist meist schwerer vorstellbar als seine Bestandteile, die Wärme und die Temperatur, allein. Ähnlich geht es uns ja zum Beispiel mit der Geschwindigkeit als dem Quotient von Weg und Zeit ($v = s/t$) oder mit der Dichte als Quotient von Masse und Volumen ($\rho = M/V$). Nach Clausius ist also die Änderung ΔS der Entropie zwischen zwei Zuständen eines Systems gleich der hierbei als Wärme zugeführten Energie dividiert durch die Temperatur, die während dieser Zufuhr herrscht:

$$\Delta S = \Delta Q/T. \tag{3.4}$$

In Worten: *Die Änderung der Entropie ist gleich der zu- oder abgeführten Wärme, dividiert durch die Temperatur.* Die beiden Zustände können zum Beispiel zwei verschiedene Volumina eines Gases sein, wie man sie etwa durch (sanftes!) Erwärmen eines Luftballons erhält. Wird dagegen keine Wärme zugeführt, so sieht der Ausdruck für die Entropie etwas anders aus.

Kommen wir zurück zu den Kühltürmen der Kraftwerke. Bei ihnen wird Wärmeenergie aus den Turbinen von einigen hundert Grad Celsius an die Luft übertragen. Deren Temperatur beträgt nur 20 bis 30 °C. Nach Gleichung (3.4) ist der Entropiezuwachs in der Luft viel größer als die Entropieabnahme in den Turbinen. Im Kühlturm wird also Entropie produziert. Bei einem 1-Gigawatt-Kraftwerk sind das etwa $\Delta Q = 1$ Million Kilowatt geteilt durch $T = 25\,°\text{C}$ bzw. 288 K, also $\Delta S = 3350$ Kilowatt pro Kelvin. Zum Vergleich: Ein westeuropäischer Mensch produziert durch Übertragung von Körperwärme an seine Umgebung etwa 0,02 Kilowatt pro Kelvin. Im Vergleich damit ist ein Kraftwerks-Kühlturm eine sehr ergiebige Entropiequelle. Und das kommt der Entropiebilanz des Kraftwerks zugute, denn diese muss nach dem zweiten Hauptsatz (Gl. (3.3)) positiv sein. Genauer besprechen wir das im Abschnitt 4.2.

Der zweite Hauptsatz, Gleichung (3.3), nach dem die Entropie nur zunehmen kann, ist eine Erfahrungstatsache, die sich nicht aus anderen Naturgesetzen herleiten lässt. Wenn bei einer Maschine, wie einem Energiewandler, der zweite Hauptsatz nicht erfüllt ist, wenn die Entropie des Systems während des Betriebs also abnimmt, so kann die Maschine nicht funktionieren. Man nennt ein solches Gerät ein **perpetuum mobile zweiter Art.** Die Patentämter nehmen heute keine derartigen Erfindungen mehr an. Trotzdem gibt es immer noch Tüftler, die versuchen, so ein Gerät herzustellen; bisher ohne einen einzigen Erfolg. Für unsere Beschreibungen der Energiewandler im nächsten Kapitel spielt der zweite Hauptsatz daher eine entscheidende Rolle. Wir werden dort anhand einiger Beispiele sehen, wie groß die Entropieänderungen bei einer Energieumwandlung sein müssen, damit die Maschine funktioniert. Das heißt, damit die gesamte Entropie des Systems, bestehend aus Energiequelle, Wandler, Arbeitsspeicher und Kühler als Energiesenke, zunimmt (s. Abb. (4.15)).

3.5 Die Entropie näher betrachtet

Eine Größe, die uns so ungewohnt ist wie der Quotient $\Delta Q/T$ und die andererseits eine so große Bedeutung hat wie die Entropie, die müssen wir noch besser kennenlernen. Wir werden dazu zweierlei diskutieren: Wie hängt die Entropie von verschiedenen Eigenschaften eines Körpers oder eines Systems ab? Was bedeutet die Einschränkung »praktisch niemals« bei der Formulierung des zweiten Hauptsatzes (3.3)?

Zur Abhängigkeit der Entropie von den sonstigen Eigenschaften eines Systems hat Boltzmann das Entscheidende gesagt. Er hat gefunden, dass die Entropie S von der Anzahl Ω (griechisch: Omega) der Möglichkeiten abhängt, die vorhandene Energie eines Systems auf seine Atome zu verteilen. Und zwar fand er die einfache Beziehung

$$S = k \ln \Omega. \qquad (3.5)$$

Dabei ist k wieder die schon in Gleichung (3.2) vorkommende Boltzmann-Konstante und die Funktion »ln« (bzw. »log«) bezeichnet den natürlichen

Abb. 3.4 Boltzmanns Grabstein auf dem Wiener Zentralfriedhof. Der Buchstabe W steht hier für »Wahrscheinlichkeit« bzw. für Ω (Foto: Stierstadt).

Logarithmus* der Größe Ω. Die Formel (3.5) ist so wichtig, dass sie auf Boltzmanns Grabstein steht (Abb. 3.4).

Die Anzahl Ω der Verteilungsmöglichkeiten der Energie auf die Atome kann man berechnen, wenn man weiß, wieviel Atome im System enthalten sind und wie groß die kleinsten Energiemengen sind, die ein Atom aufnehmen kann. Diese kleinsten Mengen nennt man **Energiequanten.** Das klingt komplizierter, als es ist. Denken Sie sich zum Beispiel anstelle der Atome eine Gruppe von Kindern, unter denen eine Anzahl von Energiequanten in Form von Bonbons verteilt werden kann. Jedes Kind kann zwischen Null und der Gesamtzahl vorhandener Bonbons erhalten. Um es leicht zu machen, betrachten wir nur drei Kinder. Dann gibt es die folgenden Verteilungsmöglichkeiten:

* Der Logarithmus zur Basis e = 2,718... hat zum Beispiel folgende Werte: ln1 = 0, ln2,718... = 1, ln10 = 2,303..., ln100 = 4,605... usw.

Bei 2 Bonbons

Kind 1	Kind 2	Kind 3
2	0	0
0	2	0
0	0	2
1	1	0
1	0	1
0	1	1

6 Möglichkeiten

Bei 3 Bonbons

Kind 1	Kind 2	Kind 3
3	0	0
0	3	0
0	0	3
2	1	0
2	0	1
1	2	0
1	0	2
0	2	1
0	1	2
1	1	1

10 Möglichkeiten

Wenn wir die Größe Ω kennen, dann kennen wir nach Gleichung (3.5) auch die Entropie S. Im zweiten obigen Beispiel ist die Zahl Ω der Möglichkeiten gleich 10. Je größer die Zahl der Bonbons, desto größer wird Ω.

Nun ist es nicht ganz leicht, die Zahl Ω für ein reales System zu berechnen. Das ist für sehr viele Moleküle (etwa 10^{25}) und für sehr kleine Energiequanten (etwa 10^{-40} bis 10^{-20} J), wie in einem alltäglichen Körper, zum Beispiel einem Liter Wasser, viel schwieriger als für 3 Kinder und wenige Bonbons. Selbst große Rechenmaschinen sind da schnell überfordert und man muss geeignete mathematische Verfahren entwickeln, um Ω zu berechnen. Wir wollen das hier nicht tun, sondern nur das Ergebnis solcher Berechnungen betrachten. Für ein einfaches System wie ein ideales Gas hängt Ω von der Zahl N der Moleküle, von ihrer Masse m, dem Volumen V des Gases und von seiner gesamten Energie E in folgender Weise ab:

$$\ln\Omega = N\{3/2 \cdot \ln(mE) + \ln V + C\}. \qquad (3.6)$$

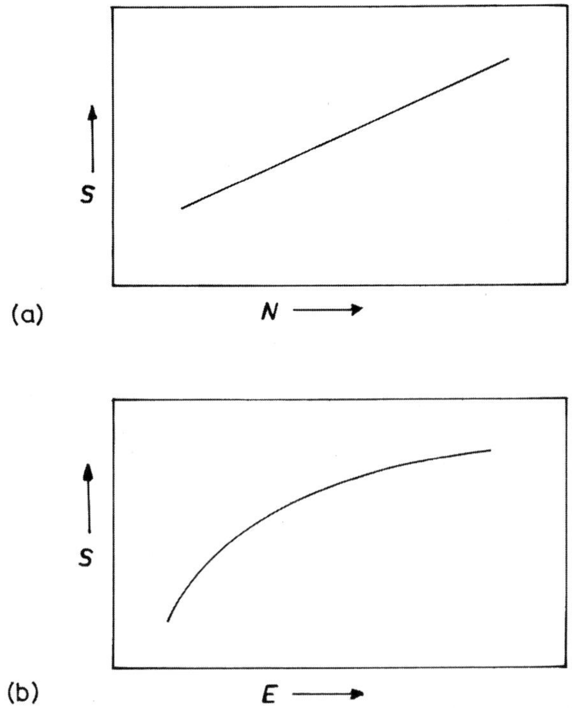

Abb. 3.5 Abhängigkeit der Entropie von der Molekülzahl N (a) und von der Energie E (b), schematisch.

Das k-Fache davon ist nach Gleichung (3.5) die Entropie S. Die hier vorkommende Größe C^{**} enthält die Planck-Konstante $h = 6{,}63 \cdot 10^{-34}$Js (nach Max Planck, 1858–1947). Die Gleichung (3.6) sieht kompliziert aus. Das täuscht aber, denn man braucht in der Praxis meist nur die Abhängigkeit von einer der darin vorkommenden Variablen N, m, E oder V. Besonders häufig braucht man die Abhängigkeit der Entropie von der Molekülzahl N oder von der Energie E. Für $S(N)$ hat man beim idealen Gas also einen linearen Zusammenhang, für $S(E)$ einen logarithmischen. Das ist in der Abbildung 3.5 dargestellt. Wir werden diese charakteristischen Diagramme bei der Besprechung der Energiewandler im

** $C = (5/2)(1 - \ln N) + (3/2)\ln(4\pi/3h^2)$

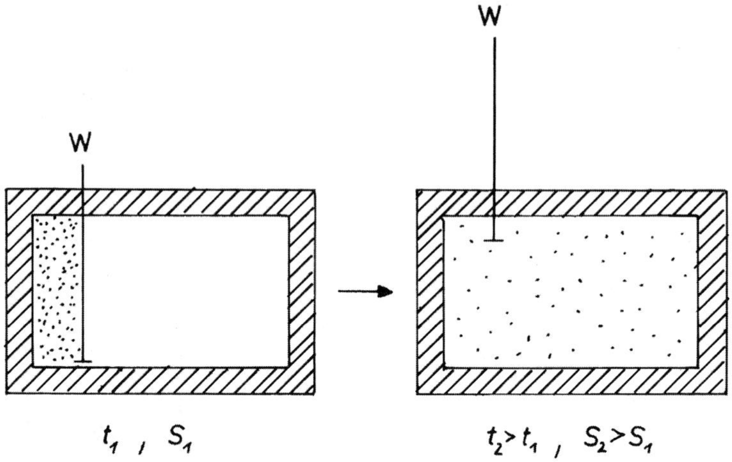

Abb. 3.6 Zum zweiten Hauptsatz der Thermodynamik (Gl. (3.3)). Hier ist die Zunahme der Entropie von S_1 auf S_2 während der Zeit $t_2 - t_1$ symbolisiert durch die Umverteilung von Gasmolekülen vom linken Viertel in das ganze Volumen nach dem Herausziehen einer Trennwand W. (Abgeschlossene Systeme werden im Folgenden immer durch schraffierte Umrahmung gekennzeichnet.)

nächsten Kapitel noch öfters brauchen. In Abbildung 3.6 ist die Zunahme der Entropie eines Gases bei einer Vergrößerung seines Volumens skizziert. Nach Gleichung (3.6) wächst sie logarithmisch mit V.

Die Funktion Ω bzw. S ist für jedes System von Atomen verschieden, für Gase, Flüssigkeiten, Festkörper, Magnete usw. Wir wollen hier aber keine weiteren derartigen Formeln wie (3.6) angeben. Man findet sie in den Lehrbüchern der Thermodynamik. Boltzmann selbst konnte diese Beziehungen noch nicht in der endgültigen Form hinschreiben. Er wusste noch nicht, wie groß die Energiequanten sind und ob die Energie überhaupt quantisiert ist, das heißt nur in kleinsten Mengen zwischen den Atomen ausgetauscht werden kann. Das haben erst Max Planck und Albert Einstein (1879–1955) kurz vor Boltzmanns Tod entdeckt. Heute sind wir in der glücklichen Lage, mit einer ähnlichen Formel wie (3.6) den Zahlenwert der Entropie für das Medium in einem Energiewandler in jeder gegebenen Situation ausrechnen zu können. So ein Medium kann ein Gas, eine Flüssigkeit oder ein Festkörper sein. Damit können

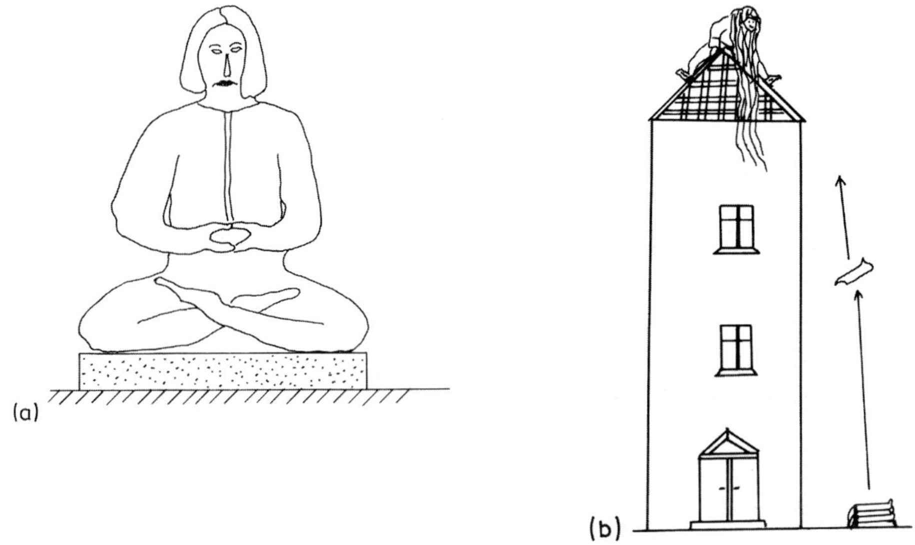

Abb. 3.7 Beispiele zur »Verletzung« des zweiten Hauptsatzes. (a) Ein Guru schwebt auf der unter ihm befindlichen Luftschicht (diese ist der Deutlichkeit halber übertrieben dick dargestellt). (b) Ein Dachziegel wird durch gemeinsame Stöße der unter ihm befindlichen Moleküle vom Boden aufs Dach befördert.

wir prüfen, ob die Entropie bei einem bestimmten Umwandlungsprozess zu- oder abnimmt und ob demnach der zweite Hauptsatz erfüllt ist oder nicht – und ob also die Maschine funktionieren wird oder nicht. Beispiele folgen im nächsten Kapitel.

Nun bleibt uns nur noch die zweite eingangs erwähnte Frage zu beantworten. Warum lautet der zweite Hauptsatz »... die Entropie nimmt *praktisch niemals* ab«? Offenbar gibt es Ausnahmen, auch in einem abgeschlossenen makroskopischen System. Doch solche Ausnahmen sind sehr, sehr selten. Je größer das System ist und je mehr Moleküle es enthält, umso seltener sind diese Ausnahmen. Sie sind sogar so selten, dass die Physiker jahrzehntelang gestritten haben, ob es sie überhaupt geben kann. Aber Boltzmann hat sie von Anfang an zugelassen und in Betracht gezogen. Wie unwahrscheinlich diese Ausnahmen jedoch sind, das zeigen zwei Beispiele (Abb. 3.7): Ein indischer Guru kommt durch eine zufällige spontane Druckerhöhung in der unter ihm befindlichen Luftschicht zum Schweben (Abb. 3.7a). Die Wahrscheinlichkeit dafür, dass dies während einer tausendstel Sekunde einmal geschieht, beträgt $10^{-10\,000\,000\,000\,000\,000\,000\,000}$. Das ist die Zahl 0,000…(mit 10^{22} Nullen)…; ausgeschrieben ist sie drei Lichtjahre oder 30 000 000 000 000 km lang, etwa die Hälfte der Strecke von der Sonne bis zum nächsten Fixstern. Nach den Regeln der Wahrscheinlichkeitsrechnung müsste der Guru im Mittel $10^{+10\,000\,000\,000\,000\,000\,000\,000}$-mal das Alter des Universums warten, bis dieses Schweben einmal funktioniert. Das heißt, es gelingt praktisch niemals. Ähnlich lange muss zum Beispiel ein Dachdecker warten, bis ein Dachziegel infolge von Stößen der unter ihm befindlichen Moleküle einmal von selbst zu ihm aufs Dach fliegt (Abb. 3.7b). In beiden Fällen würde die Entropie des Systems abnehmen, wenn das extrem unwahrscheinliche Ereignis eintritt. Die Moleküle unter dem Guru oder dem Dachziegel würden sich dann nämlich alle momentan nur in die Richtung nach oben bewegen. Und damit würde die Zahl Ω der Verteilungsmöglichkeiten der Energie auf die Moleküle abnehmen. Das ist nach dem zweiten Hauptsatz aber extrem unwahrscheinlich.

3.6 Historisches zur Thermodynamik

Die Bezeichnung Thermodynamik stammt wie gesagt aus der Zeit der Dampfmaschinentechnik um 1800 und sie bedeutet, aus dem Griechischen übersetzt, »lebendige Kraft der Wärme«. »Lebendige Kraft« war damals die Bezeichnung für Energie. Temperatur und Wärme wurden bis etwa 1750 nicht voneinander unterschieden. Erst Joseph Black (1728–1799) hat diese Unterscheidung eingeführt. In der Umgangssprache wird aber beides heute noch synonym gebraucht und manchmal verwechselt. Anstatt »Temperatur erhöhen« sagt man oft »Wärme zuführen«, obwohl man die Temperatur auch ohne Wärmezufuhr erhöhen kann. Man denke nur an das Aufpumpen eines Fahrradreifens oder an die Reibung zwischen festen Körpern. Statt »Temperatur erniedrigen« sagt man oft »Kälte zuführen«, obwohl es den Begriff Kälte in der Physik gar nicht gibt. Dort bezeichnet Wärme einen Vorgang, nämlich eine auf ganz bestimmte Weise transportierte Energie, während sie in der Umgangssprache eine Eigenschaft bezeichnet (ein Körper »ist warm«, »enthält Wärme«). Und diese Eigenschaft ist für den Physiker die Temperatur. Eine solche Unterscheidung könnte schon in der Grundschule deutlich gemacht werden, zum Beispiel: »Ich reibe meine Hände kräftig aneinander. Dabei verwandelt sich Bewegungsenergie in Wärmeenergie. Was ich danach empfinde, ist eine höhere Temperatur, aber nichts mehr von der Bewegung der Hände.« Was Wärme und Temperatur aber physikalisch genau sind und wie sie sich in Systemen von vielen Atomen bemerkbar machen, das hat Boltzmann um 1860 herausgefunden. Man kann es in seinen berühmten *Vorlesungen über Gastheorie* (Leipzig 1896) nachlesen.

Auch die Physiker haben eine Weile gebraucht, bis sie die Entropie verstanden haben. Sie wurde von Clausius in der Form $\Delta Q/T$ eingeführt (Gl. (3.4)) und von Boltzmann atomistisch gedeutet (Gl. (3.5)). Schon Sadi Carnot hatte sich darüber den Kopf zerbrochen. Er fragte sich, warum in einem abgeschlossenen System Wärme niemals vollständig in Arbeit umgewandelt werden kann, warum das Umgekehrte aber sehr wohl möglich ist? Das war die gesicherte Erfahrung der Dampfmaschinenbauer. Aber was Wärme und Temperatur eigentlich sind, das wusste er noch nicht. Er war der Meinung, die Wärme sei ein Stoff namens Caloricum. Das hatte allerdings Benjamin Thomson schon 1798 widerlegt. Beim Bohren von Kanonenrohren für das bayerische Militär konnte er zwar sehr viel Wärme erzeugen, aber keinen derartigen Stoff finden.

Die Entropie hat, wie kaum eine andere physikalische Größe, in Natur- und Geisteswissenschaften zu kontroversen Diskussionen und zum Teil zu absurden Schlussfolgerungen geführt. Das lag zum einen an der ungewohnten Aussage des zweiten Hauptsatzes (Gl. (3.3)): Als einziges Naturgesetz definiert er eine Richtung der Zeit, nämlich im Sinne wachsender Entropie. Sowohl Philosophen wie Theologen als auch Biologen, Soziologen, Wirtschaftswissenschaftler und noch viele andere bemächtigten sich des Begriffs der Entropie und konstruierten damit erstaunliche Gedankengebäude. Diese haben allerdings mit der physikalisch eindeutig definierten Entropie oft nur wenig oder nichts zu tun. Die so gezogenen Schlussfolgerungen, etwa über die Zukunft des Weltalls, über die biologische Evolution, die Umweltverschmutzung oder die Entwicklung von Börsenkursen, sind daher größtenteils reine Spekulation. Viele Übertragungen des Entropiebegriffs aus der Physik in andere Wissenschaften werden auch durch die Tatsache begünstigt, dass die Zahl Ω der Energie-Verteilungsmöglichkeiten für Nicht-

Naturwissenschaftler eine unanschauliche und geheimnisvolle Größe ist. Mit einer solchen lässt sich leichter spekulieren als mit einem bekannten alltäglichen Begriff. »Die Entropie gleicht daher einem aus dem Labor entwichenen Virus, der viele Wissenschaftler infiziert hat.« Die unkritische Verwendung einer physikalischen Gesetzmäßigkeit, des zweiten Hauptsatzes, in Wissensgebieten mit ganz anderen Denkkategorien hat bisher nur Parallelen in den Fantasien und Spekulationen, die mit Begriffen aus der Quanten- und Relativitätstheorie angestellt worden sind.

Zusammenfassung

In diesem Kapitel ging es um die physikalische Beschreibung der thermodynamischen Größen Temperatur, Wärme und Entropie. Im Beispiel des idealen Gases bestimmt die Temperatur die mittlere kinetische Energie der Moleküle (Gl. (3.2)). Wärme ist aufgrund einer Temperaturdifferenz transportierte Energie, wobei die Entropie des wärmeren Körpers abnimmt und die des kälteren anwächst (Gl. (3.4)). Und die Entropie ist ein Maß für die Zahl der Verteilungsmöglichkeiten der Energie auf die Atome oder Moleküle eines Körpers (Gl. (3.5)). Dabei war es notwendig, einige mathematische Ausdrücke zu benutzen und zu erläutern. Als Lohn für diese Mühe wissen wir aber nun, was Temperatur, Wärme und Entropie wirklich sind. Vor allem haben wir die beiden Hauptsätze der Thermodynamik kennengelernt. Der erste davon ist eine Bilanzgleichung für die Energie als Funktion von Wärme und Arbeit. Der zweite ist eine Wahrscheinlichkeitsaussage über das Verhalten der Entropie in einem abgeschlossenen System. Diese nimmt fast immer zu. Ausnahmen davon sind sehr, sehr seltene Ereignisse. Die Hauptsätze sind Gesetze, welche die Funktion der Energiewandler regulieren. Wie das geschieht, das besprechen wir im nun folgenden Kapitel 4.

Kapitel 4
Technische Energiewandler

Während es im vorigen Kapitel ziemlich physikalisch zuging, wird es in diesem mehr technisch werden. Wir besprechen Aufbau und Wirkungsweise der wichtigsten heute aktuellen Energiewandler. Fast jeder Vorgang in Natur und Technik ist mit der Umwandlung von Energie von einer ihrer Erscheinungsformen in eine andere verbunden. Wir hatten das schon im ersten Kapitel angesprochen und in Abbildung 1.1 erläutert. Nun wollen wir die Möglichkeiten und die Grenzen der Arbeitsweise von technischen Energiewandlern näher kennenlernen. Wir müssen uns dabei auf eine Auswahl beschränken. Zum einen auf die heute weitgehend genutzten Wärme-Kraft-Maschinen, die Motoren in Kraftfahrzeugen sowie die Turbinen in Flugzeugen und in Kraftwerken. Solche Maschinen transformieren zumeist chemische Energie, zuerst in Wärme und dann in Bewegungsenergie. Zum anderen werden wir die für unsere energetische Zukunft wichtigsten Wandler von Sonnenenergie in Wärme, Bewegung und Elektrizität besprechen: solarthermische Kollektoren und Kraftwerke, Solarzellen, ferner Windräder und Kraftwerke für Flüsse, Wellen und Meeresströmungen, außerdem Brennstoffzellen, Kühlgeräte und Wärmepumpen. Die Energieumwandlung in belebter Materie besprechen wir im Kapitel 6.

4.1 Wirkungsgrad der Energiewandler

Die Optimierung von Energiewandlern hat Grenzen. Es gibt Einschränkungen durch die Gültigkeit der Naturgesetze und durch technische Bedingungen. Ein wichtiges Kennzeichen für die Qualität aller Energiewandler ist daher deren **Wirkungsgrad** (η). Darunter versteht man das Verhältnis der vom Wandler gelieferten Nutzenergie E_n zur dem Wandler zugeführten Energie E_p:

$$\eta = \frac{E_n}{E_p}, \tag{4.1}$$

oder mit der Leistung $L = E/t$, der Energie pro Zeitintervall t geschrieben

$$\eta = \frac{L_n}{L_p}. \tag{4.2}$$

Ein Teil der zugeführten Energie bzw. der zugeführten Leistung geht immer »verloren«. Das heißt, er wird in unerwünschte Verlustenergien (E_v) bzw. Verlustleistungen (L_v) umgewandelt, zum Beispiel in Reibung, Schall, Wärme usw. Ein anderer Teil (E_k) wird meist an einen Kühler abgegeben, damit der zweite Hauptsatz erfüllt wird, was wir gleich besprechen werden. Weil Energie nach dem Erhaltungssatz (s. Abschn. 1.1) weder erzeugt noch vernichtet werden kann, ist E_n dann niemals größer, meistens aber kleiner als E_p. In Abbildung 4.1 ist das abgeschlossene System für eine Wärme-Kraft-Maschine dargestellt, in dem die vier genannten Energieflüsse von und zum Wandler (M für Maschine) eingezeichnet sind. Es gilt nach dieser Abbildung

$$E_p = E_n + E_v + E_k \quad \text{bzw.} \quad E_n = E_p - E_v - E_k. \tag{4.3}$$

Damit wird aus Gleichung (4.1)

$$\eta = \frac{E_p - E_v - E_k}{E_p} = 1 - \frac{E_v + E_k}{E_p}. \tag{4.4}$$

Der Wirkungsgrad wird also umso kleiner, je größer die Verlustenergie E_v und die Kühlenergie E_k sind. Je größer dagegen η ist, desto besser ist die Maschine bzw. der Energiewandler. Was die Verlustenergie angeht, so landet sie letzten Endes fast immer als Wärme in der Umwelt. Das betrifft zum Beispiel die Reibung zwischen Maschinenteilen, die innere Reibung in Flüssigkeiten, die Energie von Schallwellen, die elektrische Energie in Widerständen von Stromleitungen usw.

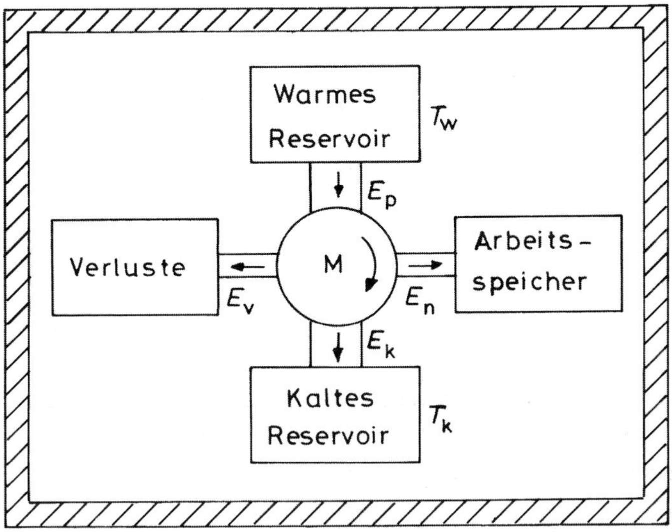

Abb. 4.1 Ein abgeschlossenes System mit Energiewandler (M), der Quelle (E_p) und den Senken (E_v, E_k, E_n) der Energie.

Besonders einfach ist der Wirkungsgrad bei sogenannten **Wärme-Kraft-Maschinen** zu berechnen. Das sind solche, die Wärmeenergie Q_w bei hoher Temperatur T_w aufnehmen, einen Teil davon in mechanische Arbeit W verwandeln und den Rest Q_k bei tieferer Temperatur T_k wieder abgeben. Nach diesem Prinzip arbeiten Dampfmaschinen, Turbinen, Verbrennungsmotoren in unseren Kraftfahrzeuge usw. Alle diese Maschinen laufen nie ganz verlustfrei. Die Verlustenergie E_v kann aber durch geeignete Maßnahmen recht klein gemacht werden, zum Beispiel, indem man Reibung, Schall, Wärmeleitung usw. minimiert. Darin besteht die Kunst der Maschinenbauer und Ingenieure. Nicht vermeiden lässt sich dagegen die bei tiefer Temperatur abzuführende Wärmeenergie E_k bzw. Q_k. Schuld daran ist der zweite Hauptsatz der Thermodynamik, den wir im Abschnitt 3.4 besprochen hatten: In dem abgeschlossenen System der Abbildung 4.1 darf die gesamte Entropie nicht abnehmen. Das heißt, die vom kalten Reservoir aufgenommene Entropie $S_k = Q_k/T_k$ (Gl. (3.4) ohne Δ's) muss, zusammen mit der Entropie der Verluste, größer sein als die vom warmen Reservoir abgegebene $S_w = Q_w/T_w$. In den Arbeitsspeicher fließt meistens keine Entropie. Die Maschine erzeugt also sozusagen Entropie, nämlich $\Delta S = S_k - S_w \geq 0$. Das hat Konsequenzen: Wenn man bei einem Auto den Auspuff, das kalte Reservoir, oder bei einer Dampfmaschine den Kühler verschließt, dann bleibt die Maschine stehen, nachdem sie sich zu sehr erhitzt hat – oder sie geht kaputt. Bei einer Wärme-Kraft-Maschine ist also das kalte Reservoir und mit ihm die Entropieabfuhr lebenswichtig.

Der Wirkungsgrad für die ideale, das heißt verlustlose, Wärme-Kraft-Maschine ist nach Gl. (4.1) mit $E_n = Q_w - Q_k$, $E_p = Q_w$ und $E_v = 0$

$$\eta = \frac{E_n}{E_p} = \frac{Q_w - Q_k}{Q_w} = 1 - \frac{Q_k}{Q_w}. \tag{4.5}$$

Schreiben wir hier für die Wärme nach Gleichung (3.4) $Q = TS$ (ohne Δ's), so folgt

$$\eta = 1 - \frac{T_k S_k}{T_w S_w}. \tag{4.6}$$

Im Grenzfall konstant bleibender Entropie, $S_k = S_w$, wird dann der maximal mögliche Wirkungsgrad

$$\eta_{max} = 1 - \frac{T_k}{T_w}. \tag{4.7}$$

Dieser wird auch **Carnot-Wirkungsgrad** genannt, weil er auf Carnots Studium der Dampfmaschinen zurückgeht. Nach Gleichung (4.7) wird der Wirkungsgrad einer Wärme-Kraft-Maschine also umso größer, je kleiner das Verhältnis T_k/T_w ist, das heißt je niedriger die Kühler- oder Auspufftemperatur ist oder je höher die Heizungstemperatur.

Die Gleichung (4.7) gilt, wie gesagt, nur für den Fall, dass die Entropie des Systems in Abbildung 4.1 konstant bleibt. Das ist nur möglich, wenn keine Verluste auftreten und auch keine Wärmeleitung bei einer endlichen Temperaturdifferenz stattfindet. Eine solche »reversible« Maschine läuft aber unendlich langsam und liefert die Leistung Null. Bei einer realen Maschine gilt nach dem zweiten Hauptsatz immer $S_k > S_w$ und

$E_v > 0$. Dann wird mit der aus Abbildung 4.1 folgenden Gleichung (4.6) die Beziehung

$$\eta = 1 - \frac{Q_k}{Q_w} - \frac{E_v}{Q_w}. \tag{4.8}$$

Für einen möglichst großen Wirkungsgrad müssen also bei gegebener Energiezufuhr Q_k und E_v möglichst klein sein. Das bedeutet: möglichst kleine Verluste durch Reibung, Schall, Wärmeleitung usw. sowie möglichst geringe Wärmeabfuhr an den Kühler, wobei aber wegen des zweiten Hauptsatzes $S_k + S_v$ immer noch größer als S_w bleiben muss. Das wird im Abschnitt 4.2 näher ausgeführt. Es ist die Kunst der Maschinenbauer, diesen Forderungen möglichst gut zu entsprechen.

4.2 Motoren und Turbinen

Verbrennungsmotoren

Heute fahren noch 99,9% unserer Kraftfahrzeuge mit Verbrennungsmotoren, in denen die zum Betrieb notwendige Wärmeenergie durch Verbrennen von Mineralölprodukten oder Kohlenwasserstoffen, wie zum Beispiel Erdgas, erzeugt wird. Solche Motoren wurden unter anderem von Nikolaus Otto (1832–1891) und von Rudolf Diesel (1858–1913) erfunden. Abbildung 4.2 zeigt einen modernen PKW-Motor. Wie ein solcher aussieht, weiß heute schon jedes Kind. Was darin ist und wie er funktioniert, dieses Wissen ist weit weniger verbreitet. Wir wollen daher die Arbeitsweise von Otto- und Dieselmotoren kurz besprechen. Ihr Kernstück sind Zylinder, in denen der Treibstoff verbrannt wird, und deren Kolben über eine Pleuelstange eine Kurbelwelle in Rotation versetzen (Abb. 4.3). Hier interessiert uns vor allem der Wirkungsgrad. Wir werden sehen, dass erstaunlich wenig Energie des Kraftstoffs bei den Rädern ankommt.

Abb. 4.2 Ein moderner VW-Motor, DB 2007 AU01618-1.4 TSI-Motor, 110kW, 150PS (Foto: Volkswagen Aktiengesellschaft).

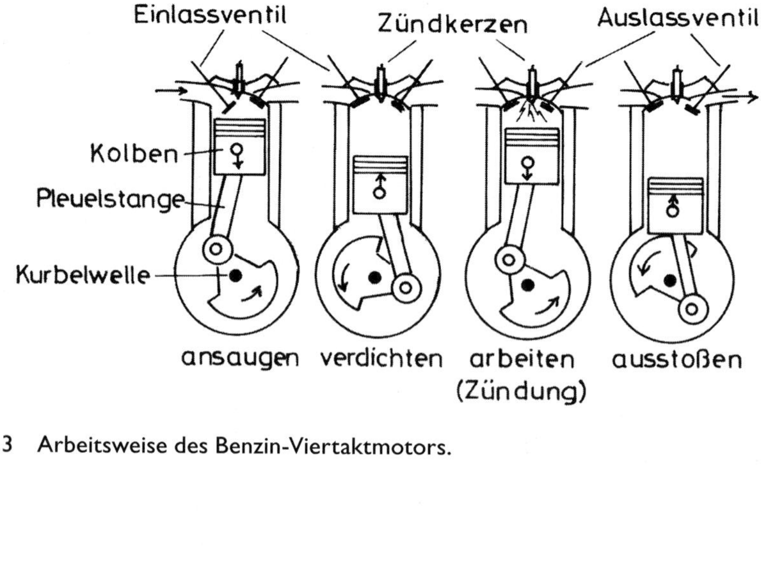

Abb. 4.3 Arbeitsweise des Benzin-Viertaktmotors.

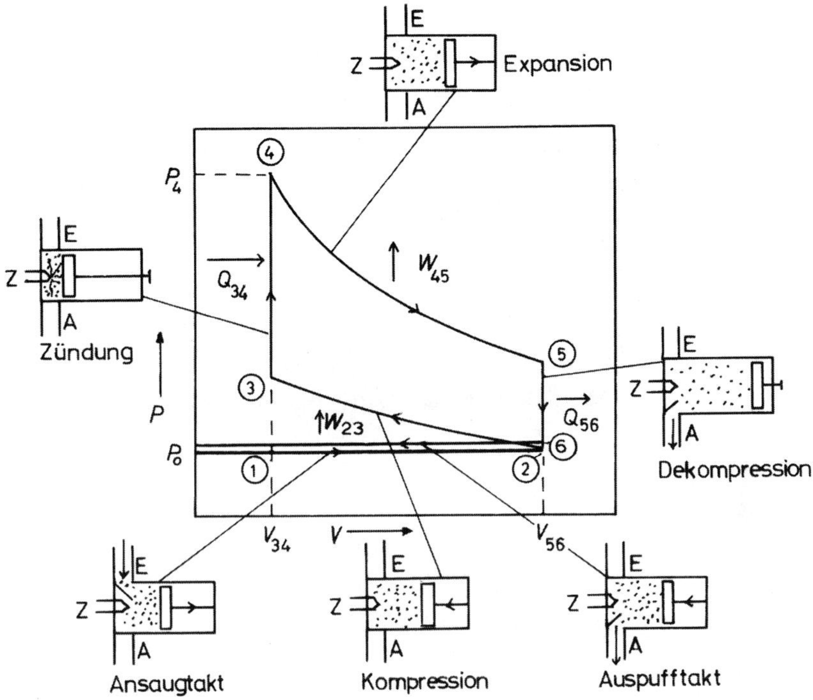

Abb. 4.4 Arbeitsdiagramm (Kreisprozess) eines Ottomotors; Erläuterungen im Text.

Benzinmotor

Man beschreibt die Wirkungsweise dieser Motoren am besten mit einem **Arbeitsdiagramm,** in dem der Druck P und das zugehörige Volumen V eines Zylinders gegeneinander aufgetragen sind. In Abbildung 4.4 sehen wir das Arbeitsdiagramm des **Otto-** oder **Benzinmotors.** Im Zentrum ist der Kreisprozess skizziert, bestehend aus sechs Linien, die zyklisch im Pfeilsinn durchlaufen werden. Außen herum sind die zu jeder Linie gehörenden Stellungen und Bewegungen des Kolbens im Zylinder dargestellt. Der Kreisprozess verläuft in der Reihenfolge der Zahlen ① bis ⑥. Auf dem Weg ① → ② wird das Benzin-Luft-Gemisch aus dem Vergaser über das Einlassventil E angesaugt, von ② nach ③ wird es auf etwa ein Zehntel des Volumens V_{56} komprimiert. Bei ③ wird es durch einen Funken aus der Zündkerze Z zur Explosion gebracht. Dabei steigt der Druck im Zylinder von 10 auf etwa 100 bar und die Temperatur von 700 K auf etwa 2000 K. Dadurch wird der Kolben nun auf dem Weg ④→⑤ nach rechts gedrückt, wobei pro Hub etwa 250 Joule Arbeit an der Kurbelwelle geleistet werden. Am Punkt ⑤ öffnet das Auslassventil A und der Druck sinkt bis zum Punkt ⑥ von 20 bar auf Atmosphärendruck (1 bar). Die Temperatur sinkt dabei von ca. 900 K auf 300 K. Schließlich wird das verbrannte Gas auf dem Weg ⑥→① durch A zum Auspuff befördert. In der Abbildung sind an den vier Linien des Kreisprozesses durch Pfeile die dem Zylinder zugeführten bzw. von ihm abgegebenen Wärme- (Q) und Arbeitsenergien (W) bezeichnet. Nach außen gerichtete Pfeile bedeuten Energieabgabe, nach innen gerichtete Energieaufnahme des Arbeitsmediums (Benzin+Luft, Gas). Ein Kolben macht in einem modernen Ottomotor etwa 100 Hübe pro Sekunde und leistet dabei 25 Kilowatt.

Man kann für einen Motor die Größen Q_{34}, Q_{56}, W_{23} und W_{45} aus den gemessenen Drücken und Temperaturen berechnen und erhält für den idealen Wirkungsgrad, das heißt für einen Motor mit $S_k = S_w$ und ohne Verluste, aus Gleichung (4.7)

$$\eta_{id} = 1 - \frac{T_5}{T_4}. \qquad (4.9)$$

Das ergibt mit den obigen Zahlen $\eta_{id} = 0{,}55$, also 55 % Nutzen. Die übrigen 45 % gehen als Wärmeenergie ins Abgas und durch Wärmestrahlung in die Umwelt. Vergleicht man die 55 % mit dem real gemessenen Wirkungsgrad η_{re} von maximal 25 %, so sieht man, dass im Fahrzeug 30 % der eingesetzten Treibstoffenergie in Verluste verwandelt werden (Reibung, Wärmeleitung, Geräusche usw.). Diese Verluste lassen sich durch geschickte Konstruktion des Motors auf ein Minimum verkleinern. Nicht reduzieren kann man hingegen die 45 % Wärmeenergie, die zur Kühlung des Motors an die Umwelt gehen, denn die Kühlung ist notwendig, um dem zweiten Hauptsatz zu genügen, wie wir im Abschnitt 4.1 besprochen haben: Die abgeführte Entropie muss größer sein als die zugeführte. Die Verluste lassen sich zum Beispiel reduzieren, indem man den Kraftstoff nicht mit dem Kolben ansaugt, sondern ihn gezielt in den Hubraum einspritzt. Dadurch lässt sich die Fläche des Kreisprozesses in Abbildung 4.4 vergrößern, die der geleisteten Arbeit entspricht. In der

Praxis ist diese Fläche auch nicht so eckig wie in der Zeichnung, sondern stark abgerundet; sie hat etwa die Form einer Banane.

Wo bleibt nun die vom Automotor gelieferte Nutzenergie? Von den 25 % des realen Wirkungsgrads kommen nur etwa 3/5 bzw. 15 % bei den Rädern an. Die übrigen 10 % werden als Bewegungsenergie in Kupplung und Getriebe verbraucht. Die Energie der Räder wird dann zu etwa gleichen Teilen in Luftreibung, Rollreibung und Straßenreibung umgesetzt. Ganz wenig Energie wird dagegen zur Beschleunigung gebraucht. Die kinetische Energie $E_k = mv^2/2$ für eine Beschleunigung von 0 auf 100 km/h beträgt bei einem 1000 kg schweren Wagen 386 Kilojoule. Das entspricht dem Brennwert von 13 Gramm oder 15 cm^3 Normalbenzin.

Sie werden nun fragen, wo bleiben denn die 5 bis 10 Liter Benzin, die man für 100 km Fahrstrecke in einem PKW braucht? Nun, sie werden, wie schon gesagt, vollständig für die Heizung der Umwelt sowie für die Motor-, Luft- und Straßenreibung benötigt, abgesehen von gelegentlichem Bremsen und Beschleunigen. Diese **Verbrauchszahl** Z in Liter pro 100 km ist das für den Käufer und Lenker eines Fahrzeugs Wichtige. Wenn man Konstruktion und Funktion des Motors genau kennt, kann man die Verbrauchszahl aus dem realen Wirkungsgrad berechnen. Es gilt näherungsweise für einen Mittelklassewagen

$$Z = 2/\eta_{re}. \tag{4.10}$$

Je größer der Wirkungsgrad eines Motors, desto kleiner ist sein Benzinverbrauch. Für einen realen Wirkungsgrad von 25 % bzw. 0,25 ergibt sich $Z = 8$ Liter auf 100 km.

Dieselmotor

Nachdem wir den Ottomotor so ausführlich besprochen haben, können wir uns beim Dieselmotor kürzer fassen. Er unterscheidet sich vom Ottomotor dadurch, dass der Treibstoff nicht durch eine Zündkerze zur Explosion gebracht wird, sondern dass er durch starke Kompression so hoch erhitzt wird, bis er sich von selbst entzündet. Als Treibstoff kann man dann leichtes Mineralöl verwenden, was den Vorteil hat, dass es

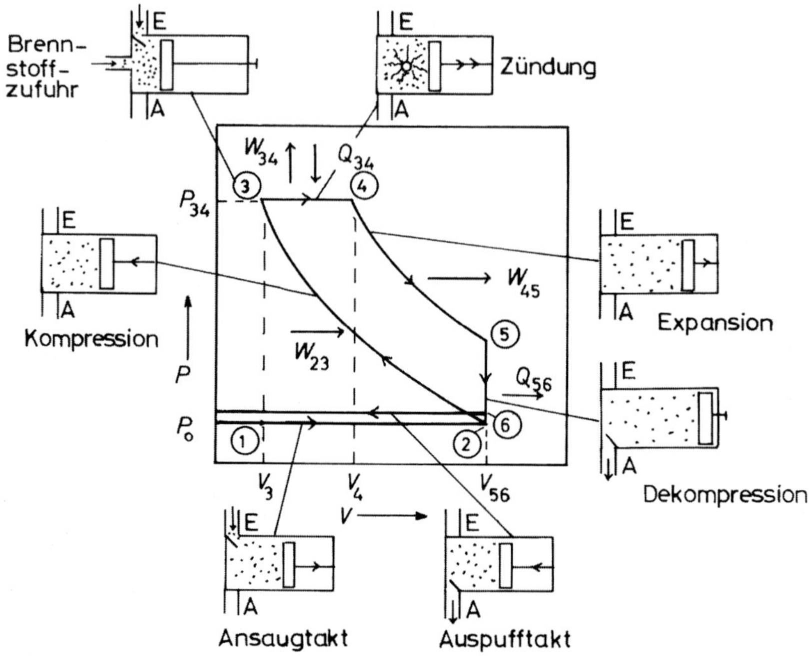

Abb. 4.5 Arbeitsdiagramm (Kreisprozess) eines Dieselmotors; Erläuterungen im Text.

billiger ist als Benzin und nicht so leicht entzündlich wie dieses. Als Nachteil des Dieselmotors zählt seine gegenüber dem Ottomotor schwerere Bauweise. Die ist notwendig, weil die Luft im Zylinder auf etwa 40 bar bei einer Temperatur von 800 °C komprimiert werden muss, bevor das Öl eingespritzt werden kann, das sich dann von selbst entzündet. Das entspricht einem etwa viermal höheren Druck und einer eineinhalbmal höheren Temperatur als beim Ottomotor.

Das Arbeitsdiagramm eines Dieselmotors ist in Abbildung 4.5 dargestellt. Es unterscheidet sich von dem des Ottomotors im Wesentlichen dadurch, dass der Weg ③ → ④ horizontal, das heißt bei konstantem Druck, verläuft anstatt vertikal bei konstantem Volumen. Auf dem Weg ① → ② wird Luft angesaugt und von ② nach ③ komprimiert. Bei ③ wird der Treibstoff eingespritzt, der sich längs des Weges ③ → ④ entzündet und relativ langsam verbrennt. Den Wirkungsgrad eines Dieselmotors kann man ebenfalls aus den gemessenen Drücken und Temperaturen berechnen und man erhält mittels Gleichung (4.1) für eine ideale, das heißt verlustlose Maschine

$$\eta_{\mathrm{id}} = 1 - \frac{1}{\gamma} \cdot \frac{r_{\mathrm{ex}}^{-\gamma} - r_{\mathrm{ko}}^{-\gamma}}{r_{\mathrm{ex}}^{-1} - r_{\mathrm{ko}}^{-1}}. \tag{4.11}$$

Das ist nicht so kompliziert, wie es aussieht. Die Zahl γ ist für das Gasgemisch im Zylinder gleich 1,33, r_{ex} ist die Expansionsrate V_{56}/V_4 und r_{ko} die Kompressionsrate V_{56}/V_3 (s. Abb. 4.5). Mit $r_{\mathrm{ex}} = 12$ und $r_{\mathrm{ko}} = 20$ ergibt sich $\eta_{\mathrm{id}} = 0{,}75$, also 75 % als idealer Wirkungsgrad. In der Praxis erreicht man knapp die Hälfte davon, nämlich maximal $\eta_{\mathrm{re}} = 35\,\%$ infolge der unvermeidlichen Verluste durch Reibung, Wärmeleitung, Schall usw. Der reale Wirkungsgrad ist also etwa 10 % höher als beim Ottomotor (25 %). Außerdem ist, wie gesagt, der Treibstoff bei gleicher Leistung billiger. Diese Vorteile werden kompensiert durch das höhere Gewicht eines Dieselmotors und durch die größere Produktion von Stickoxiden und Ruß im Abgas. Nun haben wir die beiden Prototypen von Verbrennungsmotoren so gründlich besprochen, dass jeder beurteilen kann, ob er sich einen Benzin- oder einen Dieselmotor anschafft.

Das **Elektroauto** wird eventuell erst in einigen Jahren eine echte Alternative zu demjenigen mit Verbrennungsmotor sein. Schuld daran ist im Wesentlichen die geringe Energiedichte der modernen Akkumulatorenbatterien. Eine Lithium-Ionen-Batterie zum Beispiel liefert pro Kilogramm Masse nicht mehr als 0,2 Kilowattstunden; Benzin dagegen ca. 10 Kilowattstunden. Mit einem der heutigen Elektroautos kann man etwa 3 bis 5 Stunden im Stadtverkehr fahren; dann muss wieder rund 3 Stunden lang aufgeladen werden. Die besten Batterien sind außerdem schwer (ca. 350 kg) und teuer (ca. 10 000 Euro); und sie haben eine relativ geringe Lebensdauer. Außerdem besteht bei Lithium-Ionen-Batterien eine erhöhte Brandgefahr. Hier muss noch eine Menge Entwicklungsarbeit geleistet werden. Natürlich ist das Elektroauto aber viel umweltschonender als die Benzin- und Dieselfahrzeuge. Zwar wird etwa die gleiche Menge CO_2 freigesetzt, gleichgültig ob man konventionell oder elektrisch fährt. Aber im letzteren Fall entstehen nur in den stromerzeugenden Kraftwerken die schädlichen Abgase und Ruß. Und dort können sie viel wirkungsvoller abgeschieden und unschädlich gemacht werden als selbst in den besten Katalysatoren der Autos mit Verbrennungsmotoren. Mit Elektroautos würde also die Luft in unseren Städten wieder besser »atembar«, ein großer gesundheitlicher Fortschritt.

Turbinen

Turbinen unterscheiden sich von den gebräuchlichen Verbrennungsmotoren dadurch, dass die innere Energie eines heißen Gases direkt in mechanische Rotationsenergie verwandelt wird, ohne den Umweg über hin- und hergehende Kolben. Das Gas übt in Turbinen seinen Druck auf die Schaufeln eines Laufrades aus, deren Flächen einen Winkel mit der Strömungsrichtung des Gases bilden. Dabei wird zirkularer Impuls auf das Laufrad übertragen (Abb. 4.6). Turbinen haben gegenüber Kolbenmotoren den Vorteil, dass sie weniger mechanisch bewegte Teile besitzen. Das bedeutet eine konstruktive Vereinfachung sowie weniger Reibungsverluste und Verschleiß. Daher können in Turbinen höhere Drehzahlen und Leistungen erreicht werden, allerdings erst ab einer bestimmten Größe. Zu kleine Turbinen sind unwirtschaftlich, weil ihr Wirkungsgrad zu klein ist. Aus diesem Grund werden Turbinen nur in besonders großen Kraftfahrzeugen eingesetzt, in Omnibussen, Lastwagen und Panzern, vor allem aber in Flugzeugen und natürlich in Kraftwerken. Wir besprechen zunächst ihre Verwendung in Kraftwerken zur Stromerzeugung.

Dampfturbinen

In der Dampfturbine wird ein heißer Wasserdampfstrahl zum Antrieb des Laufrades und damit des Rotors eines Stromgenerators genutzt. Moderne Dampfkraftwerke arbeiten heute schon zum Teil nach dem Prinzip der **Kraft-Wärme-Kopplung** (Abb. 4.7). Dabei wird ein Teil der Abwärme der Turbine zu Heizzwecken verwendet. Falls die gesamte Abwärme der Turbine in die Umwelt entsorgt wird, beträgt der Wirkungsgrad einer solchen Anlage etwa 35%. Wird jedoch ein möglichst großer Teil in Fernheizungen eingespeist, so werden maximal 82% des Brennstoffs verwertet. Leider gibt es die Kraft-Wärme-Kopplung heute erst bei wenigen

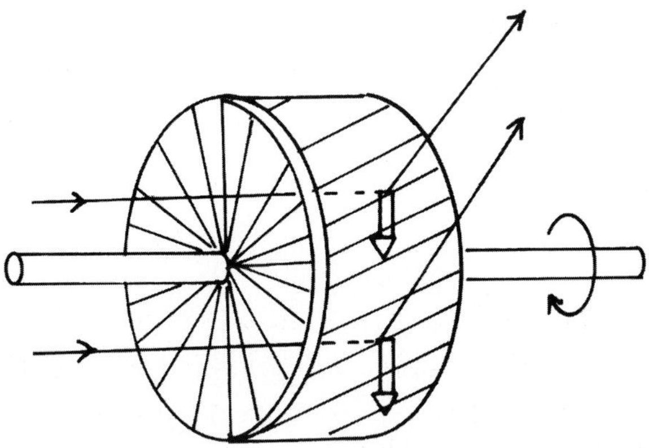

Abb. 4.6 Laufrad einer Turbine. Die Doppelpfeile bezeichnen den Impulsübertrag des Gasstroms (einfache Pfeile) auf die Schaufeln des Rades.

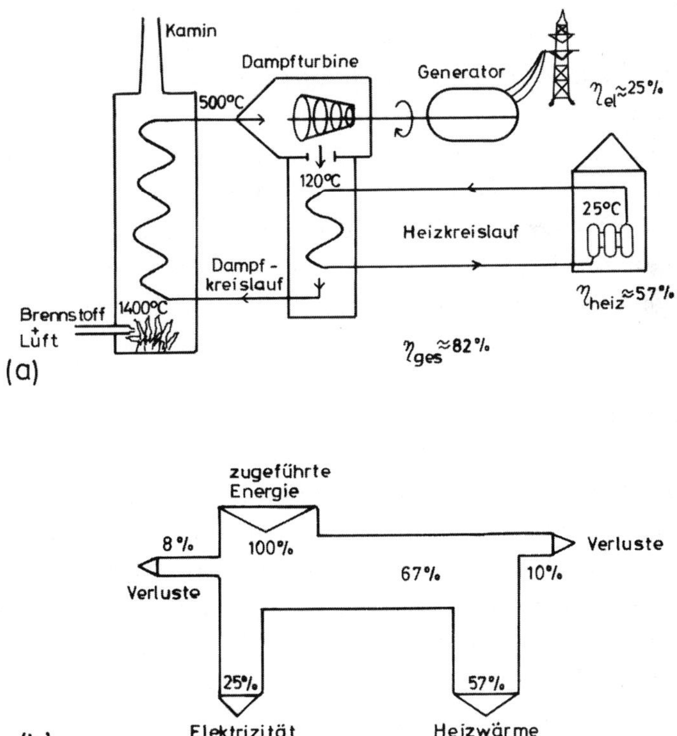

Abb. 4.7 Dampfkraftwerk mit Kraft-Wärme-Kopplung, (a) Prinzip, (b) Wirkungsgrade.

Abb. 4.8 Rotor einer großen Dampfturbine (SST-5000). Durchmesser der äußeren Schaufelräder ca. 6 m (Foto: Siemens AG, Energy Sector).

Kraftwerken, vor allem in den Städten, weil der Wärmetransport über größere Strecken unwirtschaftlich ist. Das bedeutet allerdings eine gewaltige Energieverschwendung. Die Brennstoffe, Kohle, Öl und Gas sind heute immer noch so billig, dass sich der Bau von Wärmespeichern und Fernwärmeleitungen kaum lohnt (s. Abschn. 5.2).

Nun zurück zur Turbine. Das Prinzip ist schon seit dem Altertum bekannt und wurde bei Wind- und Wasserrädern vielfach genutzt. Die ersten Dampfstrahlturbinen kamen jedoch erst Mitte des 20. Jahrhunderts in Gebrauch. Eine moderne Ausführung zeigt die Abbildung 4.8. In solchen Maschinen strömt der Dampf mit einer Geschwindigkeit von über 100 m/s durch eine Reihe von Schaufelrädern, die mit 3000 Umdrehungen in der Minute rotieren. Die größten heutigen Turbinen leisten bis zu 2 Gigawatt, sind 60 m lang und haben bis zu 40 Laufräder hintereinander angeordnet. An jedem derselben werden sukzessive einige Prozent der Dampfenergie in Rotationsenergie umgesetzt. Die Drehfrequenz von 3000 pro Minute bzw. 50 pro Sekunde muss exakt eingehalten werden. Die Turbinenachse ist nämlich meist fest mit der eines Stromgenerators verbunden und unser Wechselstrom hat eine Frequenz von 50 Hertz. Wenige Prozent Abweichungen davon erzeugen bereits Schäden an Motoren und Stromwandlern.

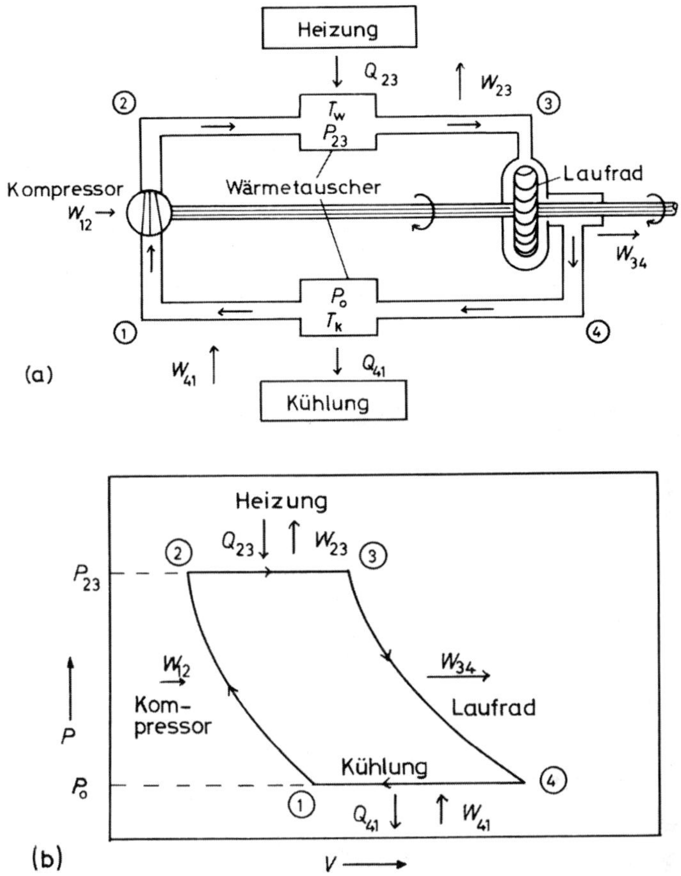

Abb. 4.9 Dampfturbine. (a) Funktionsprinzip einer Turbine mit geschlossenem Kreislauf. Der Dampf wird nicht bis zur Kondensation abgekühlt. Ein Teil der Rotationsenergie des Laufrads wird zum Antrieb des Kompressors benutzt. Die Zahlen im Kreis beziehen sich auf Teilbild (b). (b) Arbeitsdiagramm für den Kreisprozess der Anordnung in Teilbild (a).

Kleinere Anlagen mit bis zu 0,1 Gigawatt Leistung werden häufig in der verarbeitenden Industrie benutzt. Diese haben meist einen geschlossenen Dampfkreislauf, wie er in Abbildung 4.9a skizziert ist. Das idealisierte Arbeitsdiagramm einer solchen Anlage zeigt Teilbild (b). Die mathematischen Ausdrücke für den Wirkungsgrad von Dampfturbinen sind relativ umfangreich. Darum sparen wir sie uns hier. Sie hängen von den Temperaturen und den Drücken in den einzelnen Teilen der Anlage

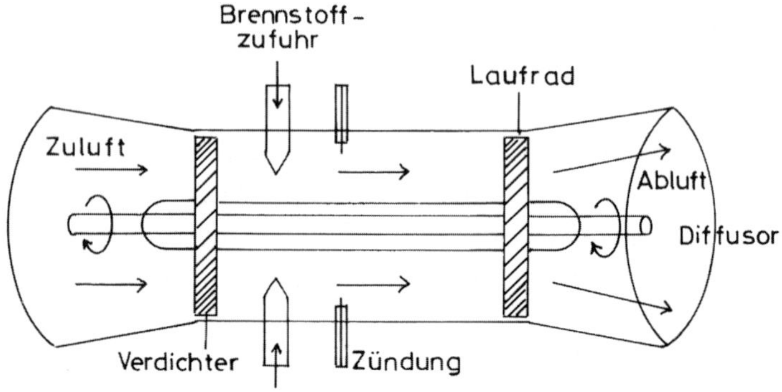

(a)

Abb. 4.10a Funktionsprinzip einer Gasturbine.

Abb. 4.10b Moderne Ausführung einer Kraftwerks-Gasturbine von Siemens AG und Thyssen-Krupp GmbH (Foto: Outokumpu VDM GmbH).

ab sowie von den Teilwirkungsgraden der Heiz- und Kühlsysteme. Alles zusammengenommen ergeben sich ideale Wirkungsgrade von 80 bis 90%; in der Praxis erreicht man real 50%. Dabei ist allerdings der Energieaufwand für die Dampferzeugung nicht berücksichtigt. Die 50% sind aber wesentlich besser als die realen Wirkungsgrade von Otto- (25%) und Dieselmotoren (35%). Turbinen wären also, wenn man sie klein und leicht bauen könnte, für Kraftfahrzeuge günstiger als Verbrennungsmotoren. Leider ist das bis heute noch nicht gelungen. Wirtschaftlich arbeitende Turbinen sind für diesen Bereich zu teuer.

Gasturbinen

Die Gasturbine ist eine Weiterentwicklung der Dampfturbine, die um das Jahr 1900 begann. Sie unterscheidet sich von ihrer Vorgängerin dadurch, dass nicht heißer Wasserdampf das Laufrad antreibt, sondern ein Gemisch aus angesaugter und verdichteter Luft sowie gezündeten Brennstoffen (Gas, Öl, Benzin usw.). Die Konstruktion einer solchen Turbine ist in Abbildung 4.10a skizziert; Teilbild (b) zeigt eine moderne Ausführung. (Es besteht hier eine sprachliche Inkonsequenz: Sowohl das Laufrad als auch die ganze Maschine wird als Turbine bezeichnet.) Die Temperatur des verbrennenden Treibstoffs beträgt etwa 1400 °C, die Drehzahl je nach Verwendungszweck einige 1000 pro Minute. Der reale Wirkungsgrad ist etwa 35%, also weniger als bei der Dampfturbine (50%). Von der mechanischen Rotationsenergie des Laufrades werden nämlich etwa zwei Drittel zum Antrieb des Verdichters benötigt, nur ein Drittel bleibt für den angeschlossenen Stromgenerator. Warum verwendet man trotzdem oft Gas- anstelle von Dampfturbinen? Das hat zwei Gründe: Zum einen kann man Gasturbinen kleiner und kompakter bauen als die viel größeren Dampfturbinen. Gasturbinen benötigen auch keinen Dampfkessel. Zum anderen lassen sie sich, weil sie kleiner sind, viel schneller starten; das dauert nur Minuten. Bei großen Dampfturbinen kann es mitunter tagelang dauern, bis sie ihre Solldrehzahl erreicht haben. Das rührt von der großen Masse der Laufräder der Dampfturbinen her. Kleine Gasturbinen werden daher vor allem in den Düsentriebwerken von Flugzeugen verwendet. Wir besprechen diese **Strahltriebwerke** weiter unten.

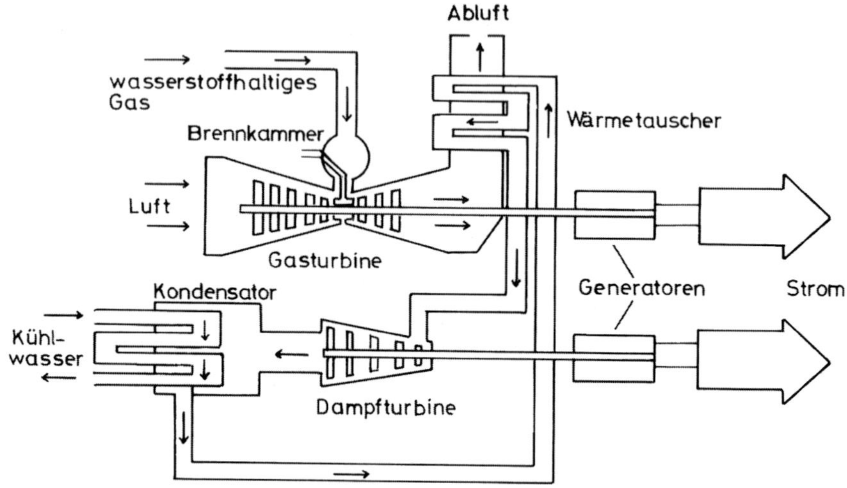

Abb. 4.11 Prinzip eines GuD-Kraftwerks (Gas und Dampf); Gasturbine mit offenem Kreislauf, Dampfturbine mit geschlossenem.

Große Gasturbinen stehen heute in modernen, mit Gas oder Öl geheizten Kraftwerken. Dort werden sie, wenn möglich, mit Dampfturbinen zu einer »GuD-Anlage« kombiniert (Abb. 4.11). Indem man das etwa 550 °C heiße Abgas der Gasturbine zum Aufheizen des Dampfes für die Dampfturbine benutzt, erreicht man einen Gesamtwirkungsgrad von etwa 65 %. Jede der beiden Turbinen treibt dann einen Generator. Schließlich kann man die Abwärme beider Turbinen auch noch im Rahmen einer Kraft-Wärme-Kopplung nutzen. Ein großes Kraftwerk dieser Art mit einer Leistung von 860 Megawatt und einem Wirkungsgrad von 60 % wurde vor kurzem in Irsching bei Ingolstadt errichtet.

Generatoren

Obwohl wir ihn aus der Schule gut kennen, wollen wir hier noch kurz die Wirkungsweise eines **elektrischen Stromgenerators** besprechen. Er dient zur Umwandlung von Bewegungsenergie, zum Beispiel von Rotationsenergie einer Turbine, in elektrische Energie (s. Abb. 1.1). Wir kennen einen solchen Generator als Dynamo am Fahrrad oder als Licht-

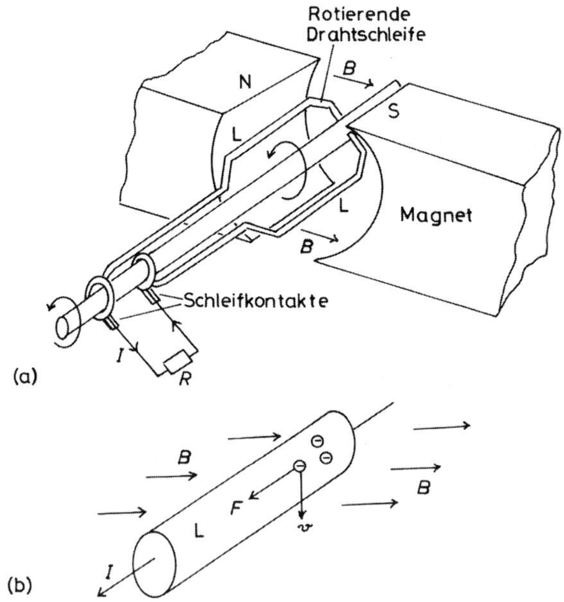

Abb. 4.12 Prinzip einer Dynamomaschine. (a) Anordnung von Leiterschleife L und Magnetfeld *B*, *I* Strom, *R* Widerstand (Verbraucher), (b) Lorentz-Kraft *F* auf bewegte (v) Elektronen (⊖) im Leiter.

maschine im Auto. Grundlage des **dynamoelektrischen Prinzips** ist die Lorentz-Kraft (nach Hendrik A. Lorentz, 1853–1928):

$$F = q \cdot v \cdot B \cdot \sin(\boldsymbol{v}, \boldsymbol{B}). \qquad (4.12)$$

Diese Beziehung beschreibt die Kraft F, die auf eine elektrische Ladung q wirkt, wenn diese sich mit der Geschwindigkeit v in einem Magnetfeld B bewegt (»sin« ist der Sinus des Winkels zwischen den Vektoren $\boldsymbol{v}$ und $\boldsymbol{B}$). In Abbildung 4.12 ist gezeigt, was die Lorentz-Kraft bewirkt, wenn man eine Leiterschleife L, eine Drahtschleife, in einem Magnetfeld dreht. Die Kraft auf die im Leiter befindlichen Elektronen bewegt diese entlang des Leiters und erzeugt damit einen elektrischen Strom $I = qN/t$. Dabei ist N die Zahl der Elektronen, die in der Zeit t durch einen Querschnitt des Leiters hindurchtreten. Wegen der winzigen Ladung eines Elektrons ($1{,}6 \cdot 10^{-19}$ As) sind das für einen Strom von einem Ampere sehr viele, nämlich $6{,}25 \cdot 10^{18}$ Elektronen ($10^{18} = 1$ Milliarde · 1 Milliarde). In einem Fahrraddynamo dreht sich die Leiterschleife bzw. eine Induktionsspule mit 100 Drahtwindungen etwa 70-mal in der Sekunde. Sie erzeugt dabei eine Spannung von wenigen Volt und liefert einen Strom von einigen Zehntel Ampere. Die Lichtmaschine eines Autos liefert mehrere Ampere bei 12 oder 24 Volt Spannung. Die großen Generatoren, die in Kraftwerken von Turbinen angetrieben werden, liefern Ströme von vielen tausend Ampere bei Spannungen bis zu 10 Kilovolt.

Der Wirkungsgrad eines Generators ist definiert als das Verhältnis der erzeugten elektrischen Leistung, $L_e = U_e \cdot I$ (U_e elektrische Spannung), und der mechanischen Leistung der antreibenden Turbine, $L_m = 2\pi f D$ (D Drehmoment, f Drehfrequenz):

$$\eta = \frac{U_e I}{2\pi f D}. \tag{4.13}$$

Gute Generatoren erreichen reale Wirkungsgrade von 95 bis 98% (s. Abb. 5.1). Viel verbessern kann man da nicht mehr. Als Verluste wirken hier nur die Reibung in den Achslagern und der Ohmsche Widerstand der Stromleiter. Diese Verluste treten letzten Endes als Erwärmung in Erscheinung. Sie erzeugen also Entropie (s. Gl. (3.4)) und wir brauchen hier keine Wärme zusätzlich abzuführen, um den zweiten Hauptsatz zu erfüllen. Die Entropieerzeugung eines Generators ist stets positiv.

Strahltriebwerke

Eine Weiterentwicklung der Gasturbine ist das Strahl- oder Düsentriebwerk, wie es zum Antrieb von Flugzeugen nach dem Rückstoßprinzip der Rakete benutzt wird. Ein solches Triebwerk enthält eine Gasturbine, welche einen Verdichter und ein Gebläse antreibt. Der Gasbrenner heizt die komprimierte Luft auf und lässt sie mit hoher Geschwindigkeit nach hinten ausströmen. Das Prinzip ist in Abbildung 4.13a skizziert, Teilbild (b) zeigt ein modernes Triebwerk. Das Gebläse saugt Luft von vorne an. Davon strömt ein Teil in den Verdichter, ein anderer Teil wird außen herum zur Schubdüse geführt. Die komprimierte

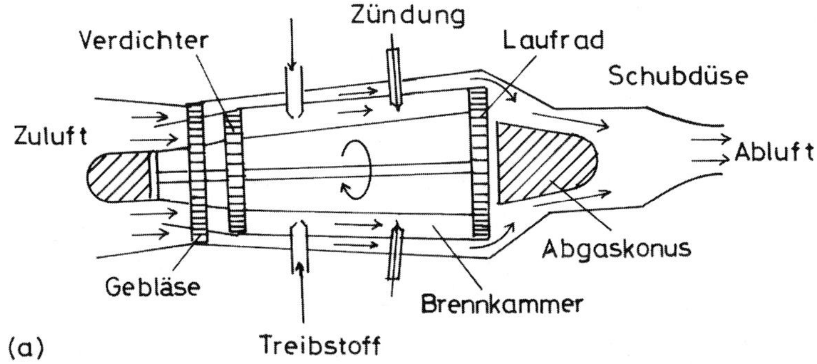

Abb. 4.13a Funktionsprinzip eines Strahltriebwerks.

Abb. 4.13b Modernes Düsentriebwerk GP 700, das den Airbus 380 antreibt (Foto: MTU Aero Engines GmbH).

Luft wird mit Treibstoff (Kerosin) gemischt, der dann gezündet wird. Dieses Gas strömt durch das Laufrad, dessen Drehmoment zum Antrieb von Gebläse und Verdichter dient. Hinter dem Laufrad mischt sich das Abgas mit der außen herum geführten Luft und strömt mit großer Geschwindigkeit durch die Schubdüse nach hinten aus. In der Brennkammer entstehen Temperaturen bis zu 2200 °C, Drücke von 45 bar und Strömungsgeschwindigkeiten von 150 m/s. Die Drehzahl des Laufrades kann bis zu 10000 pro Minute betragen. Das Material der Turbine muss daher extreme Belastungen aushalten. Die Schubkraft moderner Großtriebwerke beträgt etwa 250 Kilonewton, entsprechend einer Gewichtskraft von 25 Tonnen. Bei einer Fluggeschwindigkeit von 800 km/h leistet ein solches Triebwerk etwa 50 Megawatt, soviel wie 10 große Windräder (s. Abschn. 4.4).

Den Wirkungsgrad eines Düsentriebwerks kann man aus den gemessenen thermodynamischen Daten berechnen. Die vollständige Formel dafür ist jedoch recht umfangreich. Eine vereinfachte Betrachtung liefert die Beziehung

$$\eta = \frac{2c_f}{c_g + c_f} = \frac{2}{1 + c_g / c_f}. \tag{4.14}$$

mit der Fluggeschwindigkeit c_f und der Gasaustrittsgeschwindigkeit $c_g > c_f$. Der Wirkungsgrad wird umso größer, je weniger sich c_g und c_f unterscheiden. Allerdings wird bei $c_g = c_f$ die Schubkraft $F_{sch} = (c_g - c_f) \mathrm{d}m_L / \mathrm{d}t$ gleich Null (m_L Luftmassenstrom). Das bedeutet: die Gasaustrittsgeschwindigkeit muss immer deutlich größer als die Fluggeschwindigkeit sein. Die Abbildung 4.14 zeigt den Verlauf von η als Funktion des Druckverhältnisses $P_{\text{Verdichter}}/P_{\text{Gebläse}}$ und für verschiedene Gastemperaturen vor dem Laufrad. Der Wirkungsgrad steigt zunächst mit wachsendem Kompressionsdruck an. Er sinkt aber bei großen Drücken wieder ab, weil dann immer mehr Turbinenenergie vom Kompressor verbraucht wird.

Heute fliegen fast alle großen zivilen und militärischen Flugzeuge mit solchen oder ähnlichen Triebwerken. Diese verbrauchen große Mengen Kerosin, das aus Erdöl gewonnen wird. Der Flug eines voll besetzten Airbus A 380 von Frankfurt nach New York braucht etwa 80 Tonnen Kerosin. Sobald das Erdöl zu Ende geht, muss Kerosin durch Kohlehydrierung gewonnen werden (s. Abschn. 1.3). Während man bei Kraftfahrzeugen leicht auf Elektroantrieb umsteigen kann, ist das im Flugverkehr nicht möglich. Die dafür notwendigen riesigen Akkubatterien wären viel zu schwer für unsere heutigen Luftfahrzeuge. In Zeppelinen könnten sie allerdings erfolgreich eingesetzt werden. Vielleicht fliegen wir in 50 Jahren wieder mit dem Zeppelin nach Amerika.

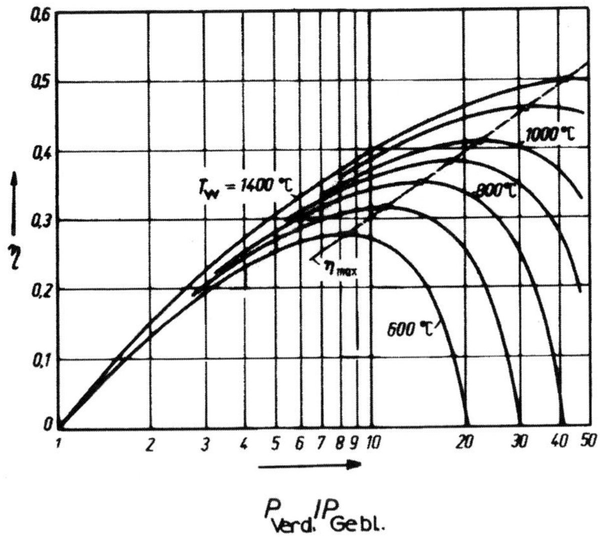

Abb. 4.14 Wirkungsgrad eines Strahltriebwerks als Funktion des Druckverhältnisses *P*(Verdichter)/*P*(Gebläse), das heißt, des Kompressionsgrads des Verdichters. Parameter ist die Gastemperatur T_w vor dem Laufrad (nach H. D. Baehr, »Thermodynamik«, Berlin 1988).

*****

Exkurs: Thermodynamik von Wärme-Kraft-Maschinen

Nachdem wir die Funktionen der wichtigsten heute gebräuchlichen Wärme-Kraft-Maschinen besprochen haben, wollen wir sehen, was der zweite Hauptsatz dazu sagt. Er sagt Folgendes: Für ein abgeschlossenes makroskopisches thermodynamisches System kann die Entropie nur konstant bleiben oder zunehmen, aber niemals kleiner werden; egal, was drinnen passiert. In Abbildung 4.15 ist ein solches System dargestellt. Es besteht aus einer Wärmequelle (E_w), einer zyklisch arbeitenden Maschine (M), einem Arbeitsspeicher (A), einem Verlustspeicher (V) und einem Kühler (E_k). Außen herum ist für jedes dieser fünf Bestandteile das Energie-Entropie-Diagramm skizziert (vgl. Abb. 3.5b)). Darin sind die jeweiligen Energieüberträge, E_v, Q und W eingetragen. Die Entropien der fünf Bestandteile summieren sich zur Gesamtentropie:

$$S_{ges} = S_w + S_M + S_A + S_k + S_v. \qquad (4.15)$$

Die Änderung (Δ) der Gesamtentropie bei einem Zyklus der Maschine muss nach dem zweiten Hauptsatz positiv sein:

$$\Delta S_{ges} = \Delta S_w + \Delta S_M + \Delta S_A + \Delta S_k + \Delta S_v \geq 0. \qquad (4.16)$$

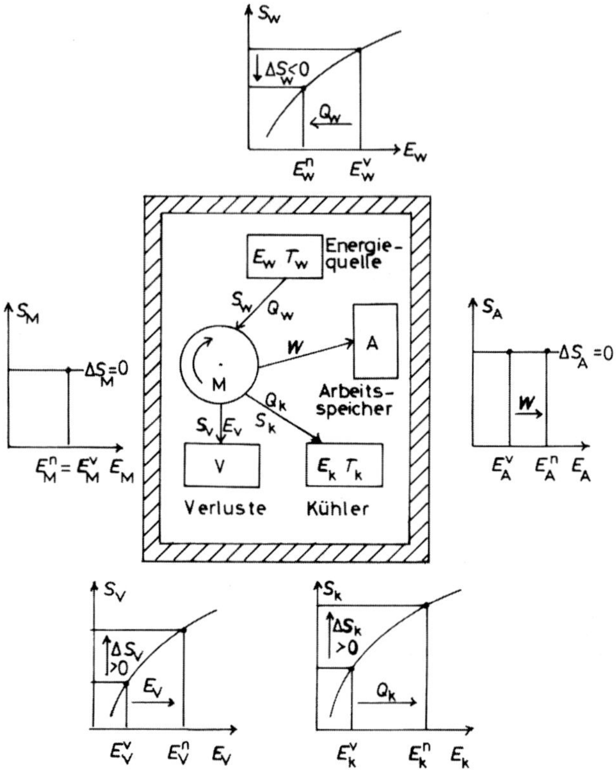

Abb. 4.15 **Schema eines abgeschlossenen Systems mit einer Wärme-Kraft-Maschine; Erläuterungen im Text. Die oberen Indizes bei *E* bedeuten: v vor, n nach einem Maschinenzyklus.**

Weil die Maschine zyklisch laufen, das heißt, sich nach jedem vollen Umlauf wieder im vorherigen Zustand befinden soll, ändert sich ihre Entropie dabei nicht ($\Delta S_M = 0$). Auch beim Arbeitsspeicher bleibt sie konstant. Hier wird zum Beispiel eine Masse in die Höhe gehoben, wobei sich ihre Entropie nicht verändert. Also ist auch ΔS_A bei einem Zyklus gleich Null. Es bleibt von Gleichung (4.16) dann noch

$$\Delta S_{ges} = \Delta S_w + \Delta S_k + \Delta S_v \geq 0 \tag{4.17}$$

übrig.

Die Entropie des Systems nimmt ab, wenn Q_w der Wärmequelle entnommen wird ($\Delta S_w = Q_w/T_w < 0$). Und sie nimmt zu, wenn Q_k dem Kühler oder dem Verlustspeicher zugeführt wird ($\Delta S_k = Q_k/T_k > 0$). Daher wird aus Gleichung (4.17)

$$\Delta S_k + \Delta S_v \geq -\Delta S_w. \tag{4.18}$$

Da ΔS_w negativ ist, wird die rechte Seite positiv. Die Summe von $\Delta S_k + \Delta S_v$ muss größer sein als der Betrag von ΔS_w. Nach dem zweiten Hauptsatz muss also mehr Entropie aus der Maschine an den Kühler und an den Verlustspeicher abgeführt werden, als ihr aus der Wärmequelle zufließt. Das gelingt nur, wenn der Kühler eine genügend tiefe Temperatur hat oder die Verluste genügend groß sind. Letzteres ist natürlich nicht erstrebenswert, weil es den Wirkungsgrad nach Gleichung (4.8) verkleinert. Der zweite Hauptsatz stellt also eine strenge Bedingung an die Maschine: Nur wenn die dem Kühler und den Verlusten zugeführte Entropie zusammen größer ist als die der Wärmequelle entnommene, nur dann läuft die Maschine; andernfalls bleibt sie stehen.

*****

Fassen wir die Anforderungen an eine optimale Wärme-Kraft-Maschine noch einmal zusammen:

1. Maschinen müssen zyklisch arbeiten. Das heißt, sie müssen nach einer Umdrehung wieder genau so aussehen wie vorher. Das gilt auch für das Arbeitsmedium in der Maschine, Flüssigkeit oder Gas. Nach einem Zyklus muss es sich wieder im gleichen Zustand wie vorher befinden.
2. Maschinen sollten einen möglichst hohen Wirkungsgrad haben. Das heißt, das Verhältnis zwischen Nutzenergie und zugeführter Energie sollte möglichst groß sein. Bei Wärme-Kraft-Maschinen sollte daher die an den Kühler abgeführte Wärmeenergie möglichst klein sein. Das bedeutet eine möglichst kleine Entropiezunahme pro Zyklus, die aber noch dem zweiten Hauptsatz genügen muss.
3. Maschinen sollten möglichst geringe Verluste haben, die durch unerwünschten Wärmetransport entstehen, durch Reibung von Festkörpern, innere Reibung von Gasen und Flüssigkeiten, Schallabstrahlung, Ohmschen Widerstand in Stromkreisen usw.
4. Maschinen sollten möglichst umweltfreundlich arbeiten. Sie sollten möglichst wenige und ungefährliche Abfälle produzieren und sie sollten möglichst wenig Wärme an Luft und Gewässer abgeben. Schädliche Substanzen bei der Verbrennung fossiler Stoffe sind CO, CO_2, NO_2, SO_2 usw. Bei der Kernspaltung in Reaktoren sind es die radioaktiven Spaltprodukte und die Transurane (s. Abb. 1.11). Weder für Treibhausgase noch für Kernenergieabfälle gibt es heute befriedigende Entsorgungsmöglichkeiten. Im Gegensatz zu den

bisher besprochenen Energiewandlern lassen sich Sonnenstrahlung, Wind, Wellen und Wasserkraft sehr umweltverträglich in andere Energieformen transformieren. Das ist der Gegenstand der folgenden Abschnitte.

4.3 Direktumwandlung von Sonnenenergie

Wie wir im zweiten Kapitel gesehen haben, liefert uns die Sonne kostenlos ein Mehrtausendfaches der Energie, die wir jetzt und in Zukunft brauchen. Pro Quadratmeter Erdoberfläche erhalten wir im Mittel 170 Watt (s. Abschn. 2.2). Bei klarem Himmel und senkrechtem Sonnenstand können es sogar bis zu 900 Watt pro Quadratmeter sein. Der gesamte Energiebedarf der Menschheit beträgt aber nur 0,013 Watt pro Quadratmeter. Das ist nicht mal ein Zehntausendstel der verfügbaren Leistung. Wir besprechen jetzt zunächst die Wandler zur direkten Nutzung der Sonne: Solarkollektoren und solarthermische Kraftwerke zur Umwandlung von Strahlung in Wärme sowie die Solarzellen zur Umwandlung von Strahlung in Elektrizität. Anschließend behandeln wir die Wandler zur Nutzung der sekundären Formen der Sonnenenergie: Wind, Strömung der Flüsse, Wellen und Meeresströmungen sowie die Brennstoffzellen, die mit aus Sonnenenergie gewonnenem Wasserstoff arbeiten können.

Solarkollektoren

Solarkollektoren sind wohl die einfachsten Energiewandler, die es gibt. Jeder Stoff, auf den Licht bzw. elektromagnetische Strahlung fällt, absorbiert einen Teil davon und wird dadurch warm. Mikroskopisch betrachtet regen die Lichtquanten dabei die Atome des absorbierenden Stoffes zu Schwingungen an und diese Schwingungen bedeuten eine höhere Energie der Atome und damit eine höhere Temperatur der Substanz. Will man diesen Effekt zur Heizung eines Gebäudes nutzen, so genügt es im Prinzip, das Gebäude außen schwarz anzustreichen und mit möglichst großen Isolierfenstern zu versehen, um möglichst viel Sonnenstrahlung

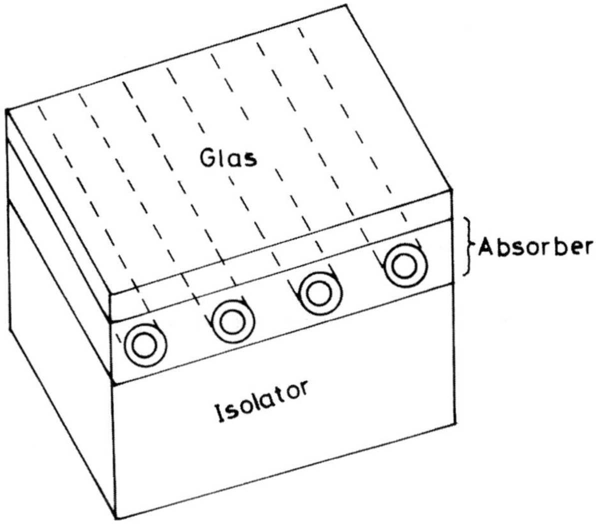

Abb. 4.16 Konstruktion eines Solarkollektors.

einzufangen. Eine schwarze Oberfläche absorbiert Licht am besten. Will man jedoch bestimmte Räume gezielt beheizen oder Warmwasser bereiten, so muss man einen geeigneten Energiewandler benutzen. Dieser soll Sonnenstrahlung an bestimmten Orten, zum Beispiel auf dem Dach, absorbieren und die Wärme dann ins Innere des Gebäudes leiten.

Ein solcher **Solarkollektor** besteht aus einem Absorber, in den Metallröhren eingelassen sind, durch welche als Arbeitsmedium Luft oder Wasser strömt (Abb. 4.16). Der Absorber ist schwarz, damit keine Strahlung ungenutzt reflektiert wird, und besteht aus gut wärmeleitendem Material. Er ist mit einer durchsichtigen Platte abgedeckt und nach unten thermisch isoliert. Das so erwärmte Arbeitsmedium wird im Haus entweder durch die Heizkörper gepumpt oder dient in einem Wärmetauscher der Zubereitung von warmem Brauchwasser. Um das Einfrieren im Winter zu vermeiden, wird als Arbeitsmedium anstatt Wasser oft eine 40%ige Mischung aus Propylenglykol und Wasser verwendet; sie gefriert erst bei –23 °C. Bei einem Luftkreislauf kann man die erwärmte Luft direkt zur Raumheizung und -lüftung verwenden. Der reale Wirkungsgrad einer solchen Anlage, das heißt, das

Verhältnis zwischen der vom Medium aufgenommenen Wärmeleistung und der einfallenden Strahlungsleistung, liegt zwischen 60 und 75%. Der Wirkungsgrad hängt stark davon ab, welcher Anteil der eingestrahlten Energie im Strömungsmedium selbst absorbiert wird und welcher Teil wegen der gegenüber der Umgebung erhöhten Temperatur des Kollektors von diesem wieder abgestrahlt wird. Dies lässt sich bei genauer Kenntnis der Konstruktion und der Eigenschaften des Kollektors berechnen. Man erhält dann einen idealen Wirkungsgrad von etwa 90%. Das Verhältnis von realem zu idealem ist also mit ⅔ wesentlich besser als bei den meisten Wärme-Kraft-Maschinen, wo es etwa ½ beträgt.

Die Durchflussmenge durch einen Kollektor von einem Quadratmeter Fläche beträgt zwischen 10 und 50 Liter pro Stunde. Das Wasser wird bei genügender Sonneneinstrahlung auf etwa 80 °C erwärmt. Für einen Vierpersonen-Haushalt werden in Deutschland etwa 5 m^2 Kollektorfläche zur Warmwasserversorgung gebraucht. Für die Raumheizung sind jedoch zusätzlich 12 bis 15 m^2 nötig und diese reichen in unseren Breiten auch nur für etwa ein Viertel des jährlichen Heizenergiebedarfs. In Deutschland stehen nämlich im Mittel höchstens 100 Watt pro Quadratmeter Strahlungsleistung zur Verfügung. In der Europäischen Union waren im Jahr 2011 Kollektoren für eine Leistung von etwa 25 Gigawatt in Betrieb, entsprechend 25 konventionellen Großkraftwerken. In China waren zu diesem Zeitpunkt rund 200 Gigawatt installiert und weltweit 300. Die größte Anlage dieser Art mit 36 000 m^2 Fläche steht zurzeit in Riad in Saudi-Arabien.

Sonnenkraftwerke

Schon seit 2500 Jahren benutzt man Brenngläser oder Hohlspiegel, um Sonnenstrahlung zu konzentrieren und auf diese Weise hohe Temperaturen zu erzeugen. Das Prinzip ist in Abbildung 4.17 dargestellt. Die großtechnische Verwendung solcher Spiegel in solarthermischen Anlagen begann erst um 1970 zur Zeit der ersten Ölkrise. Heute sind im Wesentlichen drei Ausführungsformen des Hohlspiegelverfahrens im Gebrauch: ein normaler großer Hohlspiegel (»Scheiben-Konzentrator«), ein in viele kleine ebene Spiegel aufgeteilter sehr großer Hohlspiegel

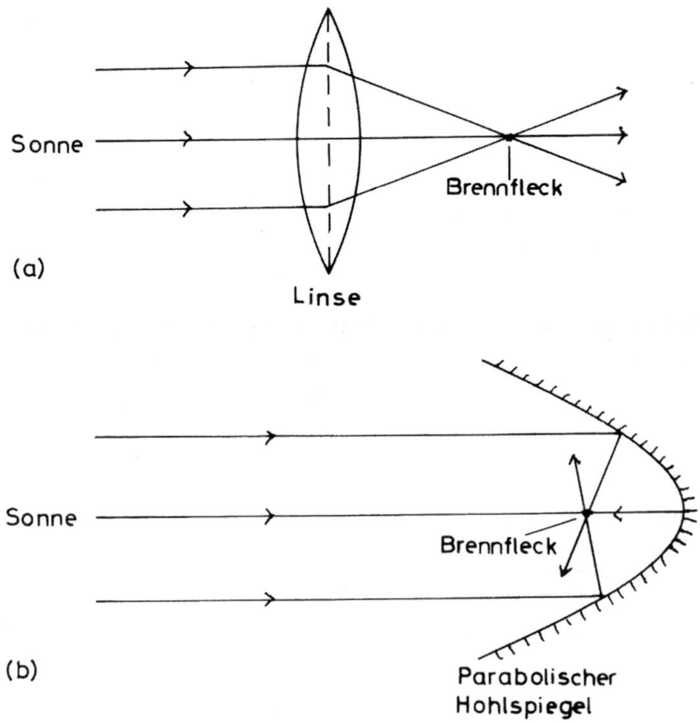

Abb. 4.17 Konzentrierung von Sonnenlicht, (a) mit Linse, (b) mit Hohlspiegel.

(»Zentral-Empfänger-System«) und ein langgestreckter Spiegel mit parabolischem Querschnitt (»Parabol-Rinnen-Konzentrator«) (Abb. 4.18). Da die Sonne im Tageslauf am Himmel wandert, werden diese Geräte durch Motoren der Sonne nachgeführt, sodass die Strahlung immer möglichst senkrecht auf die Spiegel trifft. Die Abbildung 4.19 zeigt moderne Beispiele der verschiedenen Spiegelsysteme. Es handelt sich dabei um Anlagen mit einem großen Flächenbedarf, die man vorzugsweise in dünn besiedelten Gebieten aufstellt.

Die **Scheiben-Konzentratoren** haben aus Stabilitätsgründen einen maximalen Durchmesser von 10 bis 20 m und bündeln die Bestrahlungsdichte (Leistung pro Fläche) auf das 1000-Fache des natürlichen Werts, das heißt maximal etwa 1000 Kilowatt pro Quadratmeter. Im Brennpunkt der Anlage befindet sich ein Behälter mit einer Flüssigkeit

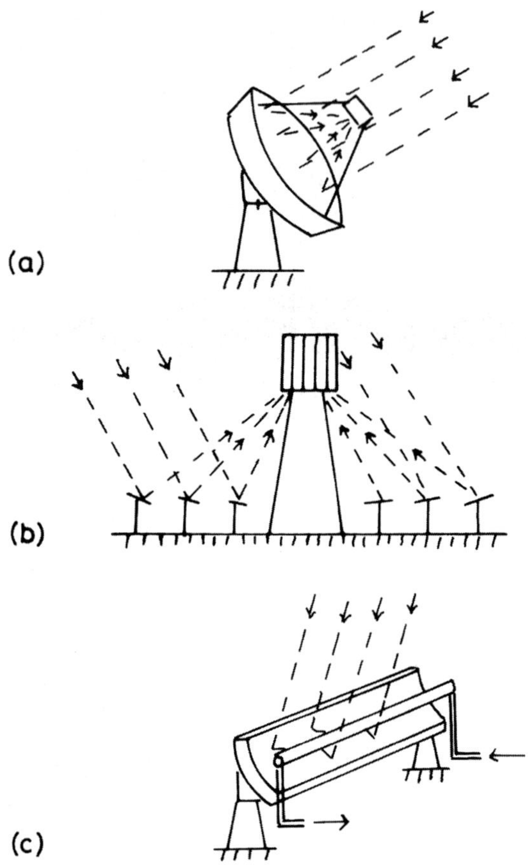

Abb. 4.18 Die drei modernen Ausführungsformen von Hohlspiegel-Konzentratoren, (a) Scheiben-Konzentrator, (b) Zentral-Empfänger-System, (c) Parabol-Rinnen-Konzentrator.

(z. B. Öl) oder einem Gas, das dadurch bis über 1000 °C aufgeheizt werden kann. Das heiße Medium treibt dann eine Turbine und diese einen Generator, der bis zu 100 Kilowatt elektrischer Leistung erzeugen kann. Zehn solcher Spiegel leisten etwa soviel wie ein kleines Windrad. Ihr Wirkungsgrad, der Quotient aus elektrischer Leistung und auftreffender Strahlungsleistung, liegt bei 30 %.

Die heute in Betrieb befindlichen **Zentral-Empfänger-Systeme** besitzen einige hundert Spiegel (sogenannte Heliostaten) von je einigen

Abb. 4.19 Sonnenkraftwerke: (a) Scheibenkonzentrator in Almeria, Spanien (Foto: Lumos 3), (b) Zentral-Empfänger-System in Kalifornien (Foto: abc 123), (c) Parabol-Rinnen-Konzentrator in Spanien (Foto: DLR/Ernsting).

$10\,m^2$ Fläche. Sie konzentrieren die Strahlung auf das 1000-Fache und erzeugen im Brennpunkt auf einem 100 m hohen Turm Temperaturen bis zu 1500 °C. Dort befindet sich ein Behälter mit Öl, flüssigem Natrium oder mit Salzen oder nur mit Luft. Diese heißen Medien treiben eine Turbine mit Generator an. Der Wirkungsgrad einer solchen Anlage beträgt etwa 25 %, etwas weniger als beim Scheibenkonzentrator. Das rührt von der nicht vollständigen Flächenausnutzung des Spiegelsystems her. Die größten Anlagen dieser Art befinden sich heute in Spanien und in den USA und leisten bis zu 20 Megawatt.

Die dritte Ausführungsform des Hohlspiegelprinzips, der **Parabol-Rinnen-Konzentrator**, erhitzt ebenfalls eine Flüssigkeit in einem Rohr in der Brennlinie des Spiegels auf mehrere 100 Grad. Die Parabolspiegel haben eine Länge von bis zu 150 m und eine Öffnungweite von 5 bis 8 m. Die Sonnenstrahlung wird hier auf das 100-Fache konzentriert. Mit der heißen Flüssigkeit wird eine Turbine mit einem Generator betrieben. Zurzeit sind in Spanien und in der kalifornischen Wüste mehrere derartige Anlagen in Betrieb, die je 50 bis 100 Megawatt elektrischer Leistung liefern. Die größte, in der kalifornischen Mojave-Wüste, hat eine Spiegelfläche von $2{,}3\,km^2$ und liefert 350 Megawatt. Die Erzeugungskosten für diesen Strom liegen zwischen 10 und 15 Cent pro Kilowattstunde, zwei- bis dreimal so viel wie bei konventionellen Kraftwerken, aber halb so viel wie bei photovoltaischen Anlagen.

Solarthermische Kraftwerke rentieren sich vor allem dort, wo die Strahlungsleistung der Sonne im Mittel mindestens 200 Watt pro Quadratmeter beträgt, also in den Tropen und in Wüsten. Ende 2010 waren weltweit 5 Gigawatt elektrischer Leistung installiert. Wollte man den gesamten weltweiten Energiebedarf allein aus dieser Quelle mit einem Wirkungsgrad von 15 % decken, so bräuchte man eine Fläche von etwa $700 \times 700\,km^2$ bzw. $490\,000\,km^2$. Das ist ein Zwanzigstel der Fläche der Sahara (8,5 Mill. km^2). Für den weltweiten Elektrizitätsbedarf allein reicht etwa ein Hundertstel ihrer Fläche, nämlich $300 \times 300\,km^2$. Für die Europäische Union bräuchte man $150 \times 150\,km^2$ und für Deutschland allein nur $50 \times 50\,km^2$ (Abb. 4.20). Es gab Pläne (»Programm Desertec«), bis zum Jahr 2050 etwa 100 Gigawatt elektrischer Leistung mit solarthermischen Kraftwerken in Nordafrika zu erzeugen. Der größte Teil davon sollte mit 800-kV-Gleichstromleitungen nach Europa transpor-

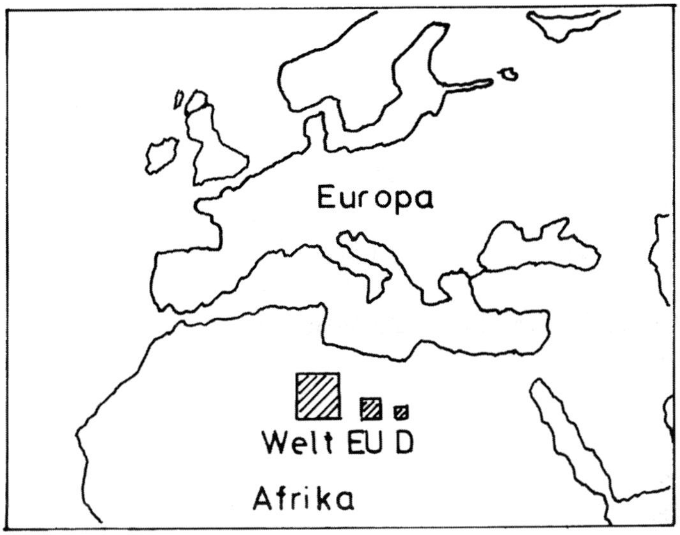

Abb. 4.20 Flächengrößen für den gesamten Elektrizitätsbedarf in Anteilen der Sahara-Fläche: Welt (1/100), Europäische Union (1/400), Deutschland (1/3000).

tiert werden (s. Abschn. 5.2). Wegen der unsicheren politischen Lage in Nordafrika und mangelnder Absatzchancen ist das Projekt gestoppt worden. Wesentlich billiger und sicherer wäre es daher, den Strom in Mittel- und Südeuropa selbst zu erzeugen. In Deutschland allein würden zum Beispiel die Dächer aller Gebäude ausreichen, um ein Viertel des Strombedarfs photovoltaisch zu gewinnen (s. nächsten Abschnitt).

Zum Schluss noch ein Wort zum zweiten Hauptsatz bei solarthermischen Energiewandlern. Sie entsprechen im Prinzip dem Schema einer Wärme-Kraft-Maschine wie in Abbildung 4.1 oder 4.15. Wenn wir diese noch einmal ansehen, so stellen wir fest, dass die nach dem zweiten Hauptsatz notwendige Entropiezunahme immer durch ausreichende Wärmeabfuhr an den Kühler oder die Umgebung sichergestellt werden kann. Das Betriebsmittel, Flüssigkeit oder Gas, muss natürlich gekühlt werden, bevor es im Kreislauf wieder aufgeheizt werden kann. Andernfalls würde es immer heißer und die Anlage zerstörte sich von selbst.

Solarzellen und Photovoltaik

Der sogenannte **lichtelektrische** oder **photoelektrische Effekt** erlaubt es, Lichtenergie bzw. Sonnenstrahlung direkt in elektrische Energie umzuwandeln, ohne den Umweg über Wärme und mechanische Energie wie bei den Solarkollektoren und solarthermischen Kraftwerken. Dieser Effekt wurde schon Mitte des 19. Jahrhunderts entdeckt, aber erst 100 Jahre später zur Erzeugung elektrischer Energie eingesetzt. Die Sonnenstrahlung fällt dabei auf ein elektrisch halbleitendes Material, zum Beispiel Silizium, das in einer speziellen Weise präpariert ist (Abb. 4.21a). Die untere Seite einer Siliziumscheibe enthält etwas Aluminium (sogenannter p-Leiter), die obere etwas Phosphor (sogenannter n-Leiter). Durch diese »Dotierung« entsteht in der Mitte eine »Raumladungszone«, auch pn-Übergang genannt, die unten negativ und oben positiv elektrisch geladen ist (in der Zeichnung + und – in kleinen Quadraten). Fällt nun Sonnenstrahlung auf diese Raumladungsschicht, so kann sie einige der dortigen Siliziumatome ionisieren. Dabei werden positive und negative Ladungen (+ und – in kleinen Kreisen) getrennt und sie wandern dann zu den entgegengesetzten ortsfesten Ladungen (Quadrate) an den Grenzen der Raumladungszone. Eine solche Wanderung elektrischer Ladungen erzeugt eine elektrische Spannung U_e, die an den Oberflächen des Kristalls durch metallische Kontakte (K) abgegriffen werden kann. Durch den Widerstand R fließt dann ein elektrischer Strom I. Der Widerstand kann ein Verbraucher sein, zum Beispiel eine Lampe (Abb. 4.21b). Dies ist in wenigen Worten der photovoltaische Effekt in einem Halbleiter. In der Praxis gibt es heute eine große Zahl verschiedener halbleitender Materialien mit jeweils verschiedenen Eigenschaften und mit unterschiedlicher Empfindlichkeit für die verschiedenen Energiebereiche der Sonnenstrahlung (s. Abb. 2.4).

Die elektrische Spannung an solchen Solarzellen liegt in der Größenordnung von einem Volt. Die maximale Stromstärke beträgt für eine 1 Quadratdezimeter große Fläche der Raumladungsschicht bei einer Bestrahlung mit 10 Watt etwa 1 Ampere. Will man höhere Spannungen haben, dann muss man viele Zellen hintereinander schalten. Will man höhere Stromstärken erreichen, dann muss man viele parallel schalten.

(a)

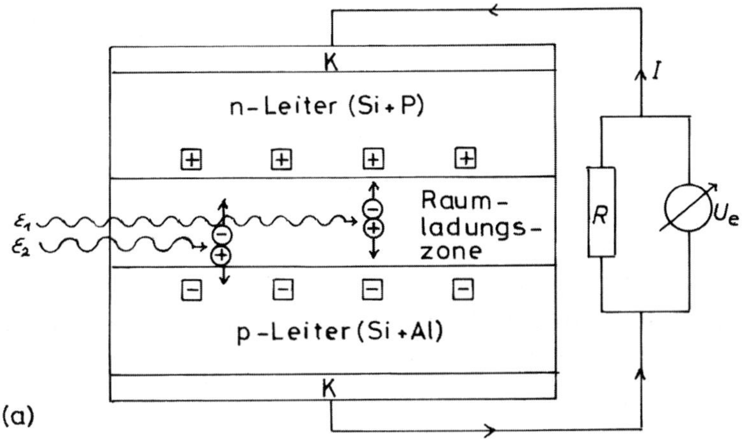

(b)

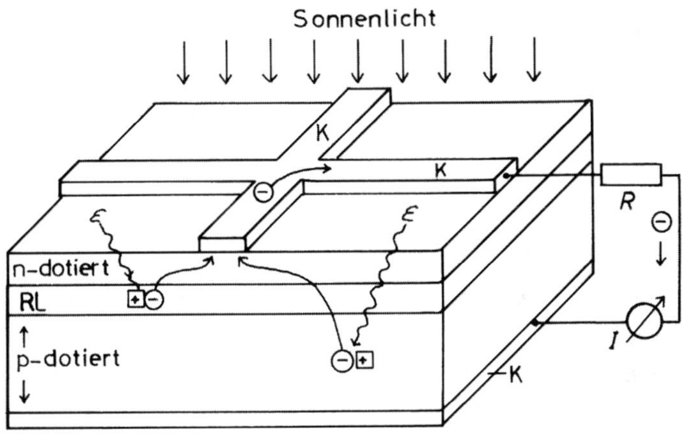

Abb. 4.21 Photovoltaische Solarzelle. (a) Silizium-Kristall mit zwei dotierten Bereichen (n und p) und einer Raumladungszone in der Mitte (K Kontakte, R Widerstand, I Strom, U_e Spannung, $\mathcal{E}$ Lichtenergie). (b) Skizze eines dotierten und kontaktierten Kristalls.

Der Wirkungsgrad berechnet sich aus dem Verhältnis von elektrischer Leistung L_e und einfallender Strahlungsleistung L_s:

$$\eta = \frac{L_e}{L_s} = \frac{IU_e}{N\varepsilon / \Delta t}. \qquad (4.19)$$

Hierbei ist N die Zahl der einfallenden Lichtquanten (Photonen), ε ihre Energie und Δt die Zeitdauer des Lichteinfalls. Die in Gleichung (4.19) vorkommenden Größen kann man alle messen und so η berechnen. Es ergibt sich für Silizium ein theoretischer Wirkungsgrad von 33 %. In der Praxis erreicht man in Einkristallen etwa 14 %, in den preiswerteren Vielkristallen (»amorphem Silizium«) aber nur 8 %. Doch gibt es andere Materialien mit gemessenen Wirkungsgraden bis zu 44,7 %, allerdings bisher nur unter Laborbedingungen. Kommerzielle Solarzellen bestehen fast immer aus Silizium, denn dies ist das billigste und am besten erprobte Material.

Der relativ kleine Wirkungsgrad von Solarzellen, verglichen mit anderen Sonnenenergie-Wandlern, hat eine Reihe verschiedener Ursachen:

- Ein Teil der einfallenden Strahlung wird an der Oberfläche der Zelle reflektiert und geht so verloren (ca. 35 %).
- Nur ein Teil der eindringenden Strahlung erzeugt Ladungsträger. Ein anderer Teil regt Siliziumatome nur zu Schwingungen an (ca. 24 %), ein weiterer Teil geht durch die Zelle ungehindert hindurch.
- Ein Teil der erzeugten positiven und negativen Ladungen rekombiniert wieder zu neutralem Silizium, bevor diese Ladungen zu den Grenzen der Raumladungsschicht gelangen und so zum Strom beitragen können (ca. 10 %).

Diesen Verlustmechanismen versucht man durch verschiedene Maßnahmen zu begegnen:

- Die Reflexion kann man durch Aufrauen oder Strukturieren der Oberfläche des Kristalls verkleinern, von 35 % auf ca. 5 %.
- Die Rückseite der Zelle kann man verspiegeln, um den Anteil der durchgehenden Strahlung zu vermindern. Das Licht wird dann ins Material zurück reflektiert.
- Den nicht ionisierenden Anteil der Strahlung und die Rekombination von erzeugten Ladungen kann man durch Wahl geeigneter anderer halbleitender Substanzen verkleinern, zum Beispiel durch Germanium, Gallium-Arsenid, Cadmium-Tellurid usw. anstelle von Silizium. Diese Stoffe sind allerdings teurer und manche haben andere Nachteile (Haltbarkeit, Absorptionslücken usw.).

Die neuesten Entwicklungen der Solarzellentechnik gehen in zweierlei Richtungen. Zum einen hat man sogenannte **Tandemzellen** konstruiert, bei denen zwei bis vier Schichten aus verschiedenem Material hintereinander geschaltet sind. Dadurch konnten mehrere verschiedene Spektralbereiche des Sonnenlichts (s. Abb. 2.4) gleichzeitig zur Ladungstrennung genutzt werden, zum Beispiel ein blauer und ein roter Bereich. Zum anderen experimentiert man mit gefärbten organischen Kunststoffen anstelle von metallischen Halbleitern wie Silizium. Zwar werden damit bis heute erst Wirkungsgrade von 12 % erreicht, aber diese Substanzen sind wesentlich billiger als die metallischen und lassen sich auch viel leichter herstellen, verformen und in Tandemzellen integrieren.

Bei konventionellen Siliziumzellen werden heute in der Praxis etwa 100 einzelne Elemente von 0,01 m^2 Fläche zu 1 m^2 großen Modulen verbunden. Diese leisten bei voller Sonneneinstrahlung bis zu 100 Watt bei 100 Volt Spannung. Sie können auf Dächern montiert oder zu größeren Einheiten zusammengeschaltet auf dem Boden aufgestellt werden. Solche Anlagen enthalten oft 10 000 bis 100 000 Module auf Flächen von der Größe mehrerer Fußballfelder und liefern mehrere Megawatt elektrischer Leistung. Auch die Sonnensegel der Satelliten und Raumfahrzeuge bestehen aus solchen Modulen. Autos und Flugzeuge wurden schon damit betrieben, aber hier reichen die verfügbaren Flächen nicht für einen wirtschaftlichen Gebrauch. Weltweit sind heute etwa 100 Gigawatt photovoltaischer Leistung installiert, ca. 25 Gigawatt davon in Deutschland. Hier kommt man im Jahr auf rund 1000 Volllaststunden, 11 % der Gesamtzeit. Würde man bei uns alle brauchbaren Dachflächen in dieser Weise nutzen, so könnte man ein Viertel des gesamten Strombedarfs in Deutschland erzeugen. Die nutzbaren und dafür ausgewiesenen Freiflächen würden ein weiteres Viertel liefern.

Die Kosten für den Strom aus Solarzellen sind heute immer noch etwa fünf- bis zehnmal so hoch wie diejenigen aus konventionellen Kraftwerken. Doch sinken die Preise für Sonnenstrom von Jahr zu Jahr. Und eine realistische Kostenrechnung ist schwer durchzuführen wegen der vielfältigen und weit verzweigten Subventionen für alle Arten der Stromerzeugung, konventionelle und alternative.

Zum Schluss noch ein Wort zum zweiten Hauptsatz bei Solarzellen. Die mittlere Energie eines Photons der Sonnenstrahlung (Temperatur

5800 K) beträgt $2{,}4 \cdot 10^{-19}$ Joule. Diese Energie wird in der Zelle und in den angeschlossenen Stromverbrauchern praktisch vollständig als Wärme an die Umgebung abgeführt. Die mittlere Energie eines Photons der Umgebungsstrahlung ist aber wegen deren viel niedrigerer Temperatur (288 K) nur $1{,}1 \cdot 10^{-20}$ Joule. Das ist 22-mal weniger als die Energie der Sonnenphotonen. Wegen des Energieerhaltungssatzes (s. Abschn. 1.1) müssen für jedes Sonnenphoton, das auf die Solarzelle fällt, 22 Umgebungsphotonen von der Erde in den Weltraum emittiert werden. Photonen verhalten sich bezüglich der Entropie ähnlich wie ein ideales Gas. Ihre Entropie ist nach Gleichung (3.6) in erster Näherung proportional zur Teilchenzahl N. Daher nimmt die Entropie eines Systems, bestehend aus Sonne, Solarzelle und Umgebung, für jedes absorbierte Sonnenphoton um das 22-Fache zu. Der zweite Hauptsatz ist damit sicher erfüllt und diese Tatsache hängt nicht von den Details der Energieumwandlung in der Zelle ab.

4.4 Indirekte Umwandlung von Sonnenenergie

Im Folgenden besprechen wir einige Methoden, bei denen die Sonnenenergie nicht direkt aus der Strahlung umgewandelt wird. Vielmehr tritt sie als Bewegungsenergie oder Temperaturdifferenz von Luft und Wasser in Erscheinung, die dann in elektrische Energie transformiert wird.

Windkraftwerke

Windmühlen zum Mahlen von Getreide gibt es schon seit dem Altertum. Um 1850 herum wurden sie auch zum Pumpen von Wasser benutzt. Aber erst in der Ölkrise von 1970 begann man **Windräder** in größerem Umfang zum Antrieb von Generatoren zur Elektrizitätserzeugung zu verwenden. Heute sind solche Windräder weltweit verbreitet. Sie sind bis zu 150 m hoch und die Propellerblätter sind bis zu 80 m lang (Abb. 4.22). Eine solche Anlage liefert bei genügender Windgeschwindigkeit (mehr als 15 m/s) bis zu 5 Megawatt elektrischer Leistung. Ungefähr 1 % der auf die Erde fallenden Sonnenenergie tritt als Windenergie in Erscheinung, nämlich 1,7 Millionen Gigawatt (s. Abb. 2.1 u 2.5).

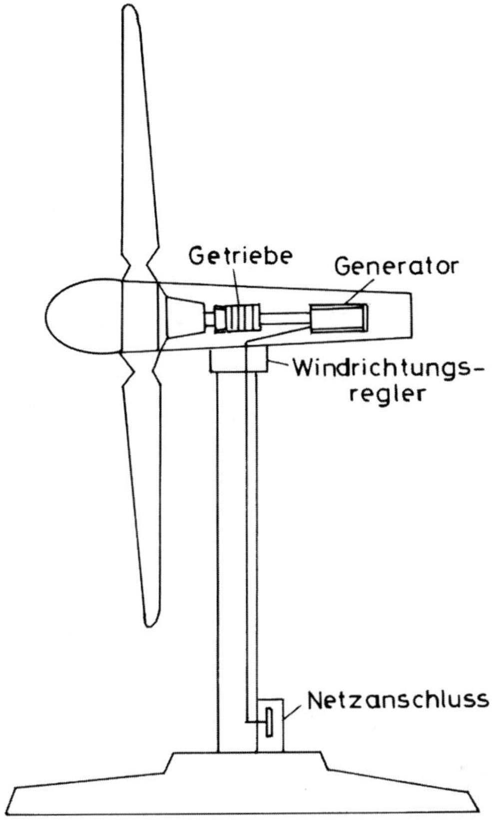

Abb. 4.22 Konstruktion eines Windrads.

*****

Exkurs: Leistung eines Windrads

Die Leistung eines Windrads kann man folgendermaßen berechnen (Abb. 4.23a): Ein zylindrisches Volumen mit dem Radius R und der Seitenlänge d enthält die Luftmasse $m = \rho\pi R^2 d$ (mit der Luftdiche ρ = 1,29 kg/m^3), die sich mit der Geschwindigkeit v bewegt. Ihre kinetische Energie ist $E_k = mv^2/2 = \rho\pi R^2 dv^2/2$. Das Windrad befinde sich auf der mit A bezeichneten Fläche. In der Zeit Δt bewegt sich die Luftmasse m um $s = v\Delta t$ weiter. Ihre Leistung ist dann

$$L = \frac{E_k}{\Delta t} = \frac{\Pi\rho R^2 v^3}{2}. \tag{4.20}$$

Und für die Leistung des Windes pro Querschnittsfläche $A = \pi R^2$ gilt

$$\frac{L}{A} = \frac{\rho v^3}{2}. \tag{4.21}$$

Das trifft dann zu, wenn die ganze, in der Luftmasse enthaltene kinetische Energie umgesetzt wird. Dies geht natürlich nicht, denn dann müsste die Luft hinter dem Windrad ja stehen bleiben. In Wirklichkeit hat sie dort immer noch eine Geschwindigkeit $v_h < v$, wenn auch eine kleinere als vorher. Eine genaue Rechnung ergibt für die dem Wind entnommene Leistung die Beziehung

$$\frac{L_w}{A} = 4\frac{v_h}{v}\left(1 - \frac{v_h}{v}\right)^2 \frac{\rho v^3}{2}. \tag{4.22}$$

Das ist in Abbildung 4.23b dargestellt. Die maximale Leistung, nämlich 59 % von $\rho v^3/2$ erhält man bei $v_h \approx v/3$.

Weil die mechanische Energie eines Windrads mit geringen Reibungsverlusten praktisch vollständig in elektrische Energie umgewandelt werden kann, ist der Wirkungsgrad einer Windenergieanlage nach Gleichung (4.2) etwa gleich dem Verhältnis L_w/L aus Gleichung (4.21) und (4.22), also

$$\eta = 4\frac{v_h}{v}\left(1 - \frac{v_h}{v}\right)^2. \tag{4.23}$$

Er wird nach Abbildung 4.23b sowohl für $v_h = 0$ als auch für $v_h = v$ Null. Das ist der Fall, wenn der Wind vom Windrad entweder vollständig abgebremst wird oder ungehindert durch dasselbe hindurchgeht. In der Praxis werden Wirkungsgrade bis etwa 50 % erreicht.

*****

Große Windräder kommen erst ab einer Windgeschwindigkeit von 5 m/s (18 km/h) richtig in Schwung. Aber bei mehr als 30 m/s (110 km/h) werden sie instabil und müssen angehalten werden. Heute sind weltweit etwa 100 000 Windräder mit einer maximalen Gesamtleistung von 300 Gigawatt installiert, davon in Deutschland allein 25 000 mit 30 Gigawatt Gesamtleistung. Natürlich laufen diese Windräder nicht ununterbochen mit maximaler Leistung. In Deutschland lieferten sie 2012 etwa 8 % des Strombedarfs von 70 Gigawatt, nämlich 5,6 Gigawatt. Das entspricht der Leistung von fünf großen Wärme-Kraftwerken. Mit Windrädern kommt man bei uns im Jahr an Land auf etwa 1700 Volllaststunden, auf

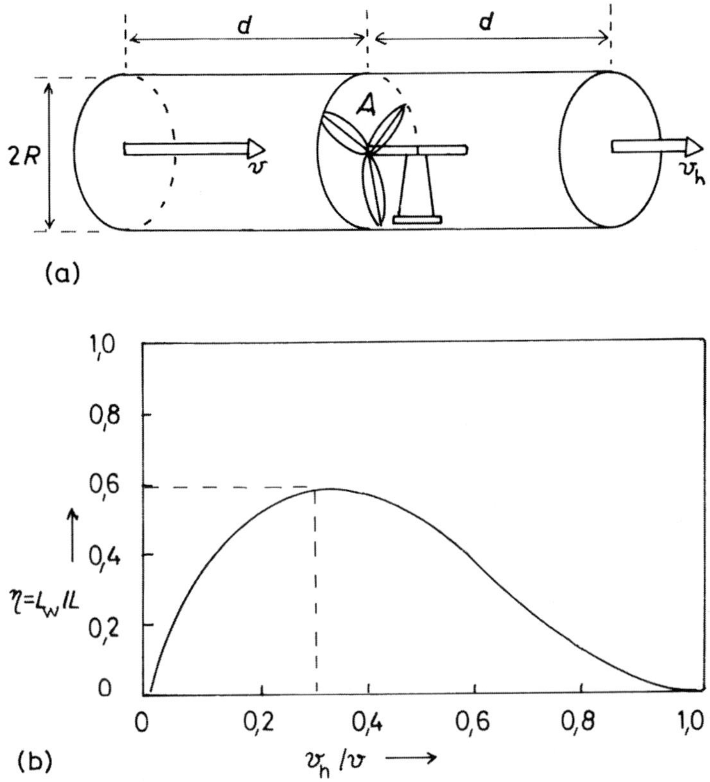

Abb. 4.23 Zur Leistung von Windrädern. (a) Mit der Geschwindigkeit v in Richtung auf das Windrad bewegte Luft. (b) Wirkungsgrad als Funktion des Verhältnisses der Windgeschwindigkeiten hinter (v_h) und vor (v) dem Windrad.

See auf rund 3800; 19% bzw. 43% der Gesamtzeit. Der Erzeugerpreis von 5 bis 7 Cent pro Kilowattstunde ist für Windenergie in Deutschland schon fast so günstig wie derjenige aus konventionellen Kraftwerken (3 bis 5 Cent). Das weltweite Potenzial für Windenergie wird heute erst zu einem ganz kleinen Teil genutzt. Alle brauchbaren Standorte zusammengenommen würden mindestens 20 000 Gigawatt liefern (s. Abb. 5.1), 70-mal soviel wie heute installiert ist bzw. etwas mehr als den gesamten Energiebedarf der Menschheit (s. Abb. 1.3). Nach anderen Schätzungen ist das Weltpotenzial mehr als dreimal so hoch, nämlich 70 000 Gigawatt.

Aufwind-Kraftwerk

Eine etwas andere Methode zur Nutzung der Windenergie ist das sogenannte **Aufwindkraftwerk** (Abb. 4.24a). Die durch ein Glasdach oder durch Kunststofffolien einfallende Sonnenstrahlung heizt eine darunter befindliche Luftschicht auf. Und die aufsteigende Warmluft strömt zu einem Kamin in der Mitte des Daches. Dadurch wird weitere, kühlere Luft von außen nachgezogen. Die erwärmte Luft steigt im Kamin hoch und durchströmt eine Turbine, die einen Generator antreibt. Da sich der Boden unter dem Glasdach tagsüber erwärmt, kann auch nachts noch Strom erzeugt werden, wenn auch mit kleinerem Wirkungsgrad. Dieser beträgt selbst tagsüber allerdings nur 1 bis 3 %. Er berechnet sich aus dem Temperaturverhältnis der Luft an der Turmspitze (T_h) zu der unter dem Glasdach (T_a):

$$\eta = 1 - \frac{T_h}{T_a}. \tag{4.24}$$

Dies entspricht dem Carnot-Wirkungsgrad, Gleichung (4.7). Je höher der Turm ist, desto kleiner wird T_h und desto größer wird der Wirkungsgrad. Hohe Türme sind aber leider teuer. Trotz des gegenüber anderen Solaranlagen kleinen Wirkungsgrads hat ein solches Aufwindkraftwerk Vorteile: Seine Errichtung ist viel billiger als diejenige einer Windkraft- oder Solarzellen-Anlage gleicher Leistung.

Von 1980 bis 1990 lief in Manzanares in Spanien eine Versuchsanlage mit einem 200 m hohen Turm und einem kreisrunden »Kollektor« (Kunststoffdach) von 2 m Höhe und 122 m Radius (Abb. 4.24b). Die Spitzenleistung dieser Anlage betrug bei optimaler Sonneneinstrahlung 50 Kilowatt, die mittlere Temperaturzunahme der Luft 20 Grad. Bis heute wurden keine weiteren Anlagen dieser Art gebaut, obgleich einige wesentlich größere geplant sind. Die Strompreise wären nämlich mit denen aus Windkraftwerken oder Solarzellenanlagen durchaus vergleichbar.

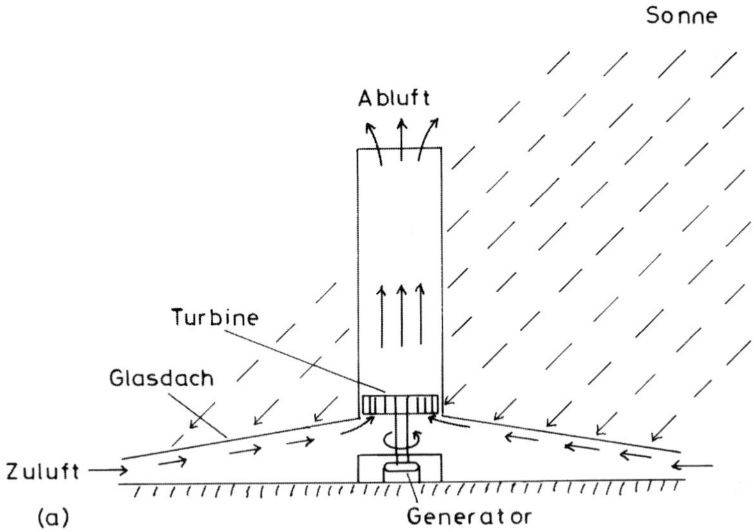

Abb. 4.24a Prinzip eines Aufwindkraftwerks.

Abb. 4.24b Versuchsanlage in Manzanares, Spanien, mit 50 kW Leistung (Foto: © Schlaich Bergermann Solar GmbH, Stuttgart).

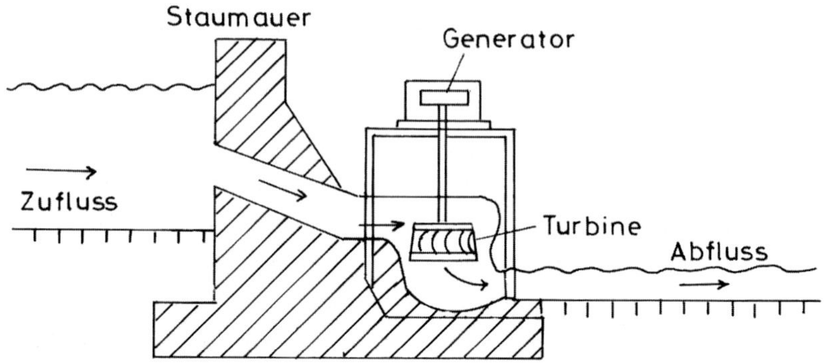

Abb. 4.25 Prinzip eines Flusskraftwerks.

Flusskraftwerke

Auch Wasserräder sind wie die Windmühlen schon seit dem Altertum in Verwendung. Aber erst Ende des 19. Jahrhunderts wurden sie in der Ausführung als Turbinen zum Antrieb von Generatoren zur Stromerzeugung genutzt. Von der im Mittel auf die Erdoberfläche einfallenden Strahlung von 342 Watt pro Quadratmeter dienen 23% zum Verdampfen von Wasser aus den Meeren, dem Boden und aus den Pflanzen (s. Abb. 1.9). Und dieses Wasser speist als Niederschlag unsere Quellen, Bäche und Flüsse. Heute liefern Flusskraftwerke mit etwa 1000 Gigawatt 17% des weltweiten Elektrizitätsbedarfs (s. Abb. 1.3). Man schätzt, dass etwa noch fünfmal soviel Energie auf diese Weise umgewandelt werden könnte, allerdings mit zum Teil ernsthaften Folgen für die Natur. Ohne größere Umweltveränderungen könnte die heutige Leistung höchstens noch verdoppelt werden.

Der Wirkungsgrad der Stromerzeugung mittels Wasserturbinen beträgt theoretisch 100%, denn bei diesem Vorgang ist kein Wärmetransport beteiligt. Weder die Entropie der Turbine noch die des Generators nimmt dabei zu. Es entstehen lediglich Verluste in der Größenordnung von 10% durch Reibung in den Maschinen, im Wasser und durch Ohmschen Widerstand im Generator. Abbildung 4.25 zeigt die Skizze eines einfachen **Wasserkraftwerks** an einem Fluss. Die größten Anlagen dieser Art befinden sich im Drei-Schluchten-Damm in China mit 18 Gigawatt Leistung, in Itaupu in Brasilien mit 14 Gigawatt und in Guri in Venezuela mit 10 Gigawatt. Die Letztere leistet soviel wie 10 große Wärme-Kraftwerke!

Das gleiche Prinzip, Wasserfall-Turbine-Generator, wird in umgekehrter Reihenfolge in Pumpspeicherwerken verwendet (s. Abschn. 5.2). Steht mehr Energie zur Verfügung als momentan gebraucht wird, zum Beispiel aus Windkraftanlagen oder aus Solarzellen, so wird damit Wasser in ein höher gelegenes Reservoir gepumpt. Steigt der Energiebedarf wieder, so lässt man das Wasser dann durch die Turbine wieder herunter strömen. Allerdings muss man beim Pumpspeicherwerk zweimal 10% Verluste in Kauf nehmen, einmal beim Speichern und einmal beim Entleeren des Wassers aus dem Hochbehälter. Zurzeit gibt es in Deutschland etwa 25 größere Pumpspeicherwerke, von denen die größten für 15 Stunden bis zu 0,4 Gigawatt Leistung liefern und 7 Billionen Joule Energie speichern können.

Wellenkraftwerke

Nicht nur Wind und Wasser können uns Energie liefern, sondern auch die Kombination aus beiden, die Wellen des Meeres. Ein beträchtlicher Teil der als Wind in Erscheinung tretenden Sonnenenergie (1,7 Mill. GW), wird an der Meeresoberfläche in Bewegungsenergie des Wassers umgewandelt. Man schätzt diesen Anteil weltweit ganz grob auf 50% der Windenergie (0,85 Mill. GW). Das ist rund das 50-Fache des gesamten Energiebedarfs der Menschheit (s. Abb. 1.3). Natürlich lässt sich nur ein ganz kleiner Teil der gesamten Wellenenergie technisch nutzen. Man hat dafür eine Reihe verschiedener Methoden erdacht (Abb. 4.26). Einerseits sind es Bojen oder Schwimmkörper, die sich mit dem Wasser bewegen und dabei einen internen oder externen Generator antreiben. Andererseits sind es feststehende Rampen, an denen das Wasser periodisch seine Höhe ändert und entweder selbst durch eine Turbine fließt oder einen Luftstrom durch diese antreibt.

Alle diese Verfahren leiden unter einem großen Nachteil gegenüber den bisher besprochenen Sonnenenergie-Wandlern: Das Meerwasser ist durch seinen Salzgehalt chemisch aggressiv und die mechanische

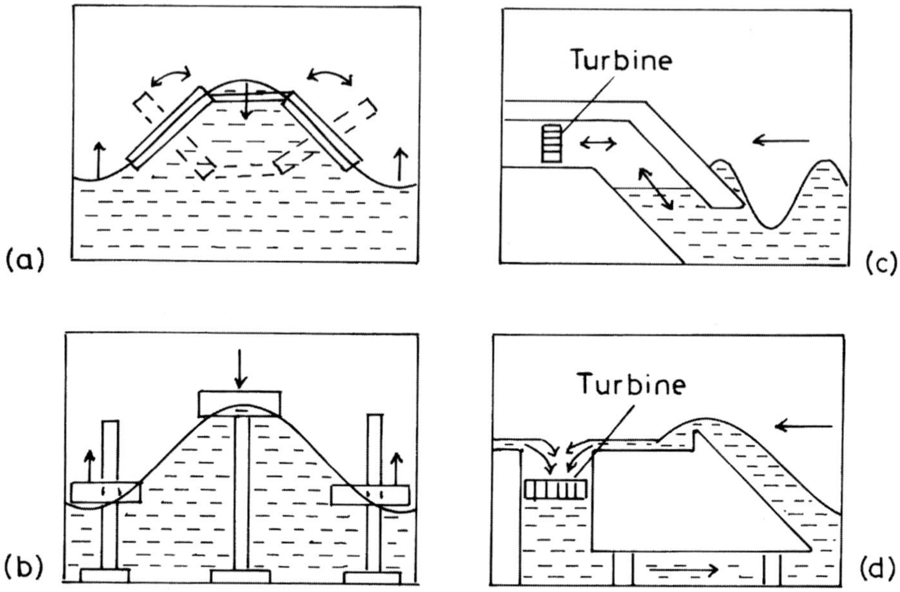

Abb. 4.26 Verschiedene Methoden zur Nutzung der Wellenenergie; (a) und (b) mittels Schwimmkörper, (c) und (d) mittels Turbine.

Belastung der Anlage durch stärkere Wellen ist extrem hoch. Daher sind schon mehrere solcher Versuchsanlagen im Betrieb zerstört worden. Um sie für längere Zeit funktionsfähig zu halten, muss man sehr stabile und sehr korrosionsgeschützte Konstruktionen errichten. In Abbildung 4.27 sind einige solcher Anlagen zu sehen.

Der Wirkungsgrad ist hier das Verhältnis von mechanischer Wellenleistung zu elektrischer Generatorleistung. Obwohl er relativ groß ist, in der Praxis bei 50%, gibt es wegen der genannten Nachteile bis heute nur Versuchsanlagen, die noch kaum kommerziell nutzbaren Strom liefern. Die mechanische Leistung $L^\star$ einer Welle pro Meter, gemessen in Wellenlängsrichtung, kann man aus ihrer kinetischen und potenziellen Energie berechnen und diese wieder aus Wellenhöhe h und Wellengeschwindigkeit v. Eine Näherungsformel lautet $L^\star = \rho g h^2 v/4$ (ρ Wasserdichte, g Erdbeschleunigung). Man erhält so Werte zwischen 10 und 50 Kilowatt pro Meter Welle. Mit einem Wirkungsgrad von 50% kann man also 5 bis 25 Kilowatt pro Meter erzeugen.

Abb. 4.27 Wellenkraftwerke: (a) »Pelamis«-Schwimmkörper, Orkney-Inseln, Schottland, 750 kW Leistung (Foto: P123), (b) Luftturbine LIMPET 500 in Islay, Schottland mit 500 kW Leistung (Foto: Peter Church).

Bei idealer (verlustfreier) Umwandlung von mechanischer in elektrische Energie wäre der Wirkungsgrad 100 %, weil sich weder die Entropie der Welle noch die des Schwimmkörpers oder des Generators dabei ändern. Die 50 % realen Verluste beruhen im Wesentlichen auf Reibung der mechanischen Teile, auf der inneren Reibung des Wassers und auf dem Ohmschem Widerstand im Generator. Die in Abbildung 4.27a gezeigte »Pelamis«-Anlage besteht aus 4 Stahlröhren von je 30 m Länge und 3,5 m Durchmesser. An den beweglichen Verbindungsstellen der Röhren befinden sich Hydraulikzylinder, durch die bei der Bewegung der Schwimmkörper eine Flüssigkeit hin- und hergepumpt wird. Diese treibt über bewegliche Kolben einen Generator an. Die Anlage wurde 2004 in Schottland erprobt und später vor der portugiesischen Küste weiter untersucht. Sie hat eine Spitzenleistung von 750 Kilowatt und liefert im Mittel 300 Kilowatt. Eine auf dem Prinzip von Abbildung 4.26c beruhende Anlage mit 500 Kilowatt Spitzenleistung läuft seit dem Jahr 2000 auf der Insel Islay in Schottland. Weitere Versuchsanlagen gibt es an verschiedenen Orten an der europäischen Atlantikküste. An deutschen Küsten ist dagegen der Seegang im Allgemeinen zu schwach.

Meeresströmungs-Kraftwerke

Ein **Meeresströmungs-Kraftwerk** arbeitet ähnlich wie die meisten Flusskraftwerke. Dabei dreht sich ein Propeller oder eine Turbine in der freien Strömung. Solche Wasserbewegungen entstehen zum Teil durch die Gezeiten, zum anderen Teil durch Temperaturunterschiede im Ozean und durch Coriolis-Kräfte. Letztere sind Kräfte, die entstehen, weil sich in verschiedenen geographischen Breiten die Erdoberfläche unterschiedlich schnell dreht. Gezeitenströmungen werden allerdings nicht durch die Sonnenstrahlung angetrieben wie die übrigen bisher besprochenen Phänomene, sondern durch die Gravitationskräfte von Sonne und Mond. Das besprechen wir später im Abschnitt 4.6.

Die Abbildung 4.28 zeigt eine Versuchsanlage in Nordirland. Der Rotor hat einen Durchmesser von 16 m und dreht sich etwa 15-mal in der Minute. Die Anlage leistet maximal 1 Megawatt. An mehreren Orten gibt es eine Reihe ähnlicher Konstruktionen in Erprobung, jedoch liefert noch keine kommerziell nutzbaren Strom. Eine Demonstrationsanlage mit 200 Kilowatt Leistung befindet sich seit 2006 im East River in New York und läuft bis heute störungsfrei.

Der Nachteil solcher im Meerwasser arbeitenden Maschinen besteht, wie bei den Wellenkraftwerken, im aggressiven Salzwasser. Man schätzt ihre wirtschaftlich zu vertretende Lebensdauer auf etwa drei Jahre. Ein großer Vorteil gegenüber Wellen- und Windkraftwerken ist jedoch die zeitlich konstante Leistung bei stationären Strömungen bzw. die gut planbare bei Gezeitenströmungen.

Abb. 4.28 Strömungskraftwerk SeaFlow an der Nordküste Irlands, Propeller aus dem Wasser gehoben (Foto: Fundy).

Meereswärme-Kraftwerke

Eine weitere nutzbare Form der indirekten Sonnenenergie ist der Temperaturunterschied zwischen Oberflächen- und Tiefenwasser im Ozean. Die Meere absorbieren rund 70 % der auf die Erdoberfläche einfallenden Sonnenenergie. In tropischen Gebieten beträgt der Temperaturunterschied etwa 20 Grad, 25 °C an der Oberfläche und 5 °C in 1000 m Tiefe. Mit dieser Temperaturdifferenz lässt sich eine Turbine antreiben. Dabei wird das warme Oberflächenwasser benutzt, um ein Arbeitsmedium (Ammoniak, Propan usw.) in einem geschlossenen Kreislauf zu verdampfen (Abb. 4.29). Der Dampf treibt eine Turbine an und diese einen Generator. Anschließend wird der Dampf in einem Kondensator durch das kalte Tiefenwasser wieder verflüssigt und mit einer Pumpe wieder zum Verdampfer transportiert. Ein ähnliches Prinzip beruht auf der Verdampfung warmen Oberflächenwassers unter vermindertem Druck in einem offenen Kreislauf. Die Turbine wird dabei direkt, ohne ein zusätzliches Arbeitsmedium mit Wasserdampf betrieben.

Der Wirkungsgrad eines solchen Energiewandlers ist recht bescheiden. Er beträgt im Idealfall nach Gleichung (4.7) etwa 7 %, in der Praxis nach

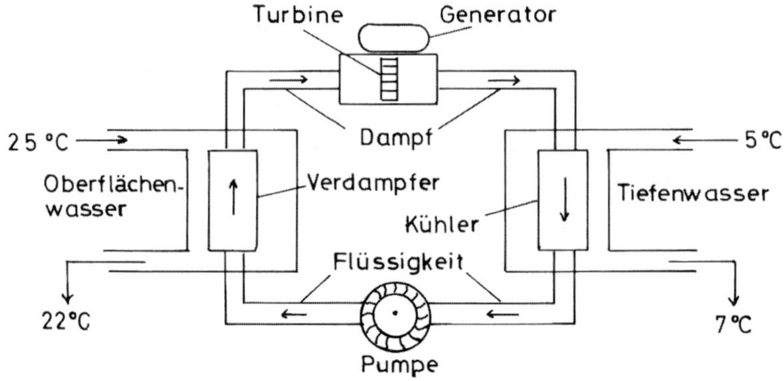

Abb. 4.29 Prinzip eines Meereswärme-Kraftwerks mit geschlossenem Kreislauf.

(4.8) nur 3%. Will man eine elektrische Leistung von 100 Megawatt erreichen, so muss man pro Sekunde 200 Kubikmeter kaltes Wasser durch eine 10 m dicke Rohrleitung aus 1000 m Tiefe heraufpumpen und 400 Kubikmeter warmes Oberflächenwasser durch den Verdampfer schicken. Das entspricht rund einem Fünftel der Wasserführung des Nils! Etwa 80 % der gewonnenen Energie wird dabei zum Betrieb der Pumpen gebraucht. Diese Zahlen zeigen, dass ein **Meereswärme-Kraftwerk** kostspielig und wahrscheinlich unwirtschaftlich ist. Daher gibt es bisher auch nur wenige Versuchsanlagen, die meisten auf tropischen Inseln. Eine der größten lief in den 90er Jahren auf Hawaii. Trotz der Nachteile könnte aber dieser Kraftwerkstyp auf entlegenen Inseln Bedeutung erlangen, weil man mit ihm gleichzeitig Wasser elektrolysieren und damit Wasserstoff gewinnen kann (s. nächster Abschn.). Außerdem lässt sich damit leicht Meerwasser entsalzen, indem man beim offenen Kreislauf den kondensierten Wasserdampf hinter der Turbine separiert.

Wasserstoff und Brennstoffzellen

Eine ganz andere Art der indirekten Nutzung der Sonnenenergie als bei den bisher besprochenen Wandlern erreicht man mit Hilfe von Wasserstoff in **Brennstoffzellen.** Dabei wird Sonnenenergie zunächst in chemische Energie des Wasserstoffs umgewandelt und anschließend in elektrische Energie. Das geschieht in Brennstoffzellen ohne den konventionellen Umweg über Wärmeenergie (s. Abb. 1.1). In solchen Zellen werden Wasserstoff und Sauerstoff zu Wasser »verbrannt«. Den Sauerstoff nimmt man aus der Luft. Den Wasserstoff kann man auf drei verschiedenen Wegen mit Hilfe der Strahlungsenergie der Sonne gewinnen, die wir anschließend besprechen werden: Photosynthese, Elektrolyse und Hochtemperatur-Katalyse. Brennstoffzellen sind heute technisch schon hoch entwickelt. Sie werden zwar noch relativ selten verwendet, aber es gibt für sie gute Aussichten in der Zukunft. Daher besprechen wir sie etwas ausführlicher.

Im einfachsten Fall reagieren in einer Brennstoffzelle reiner Sauerstoff (O_2) und reiner Wasserstoff (H_2) zu Wasser (H_2O). Diese »Verbrennung« geschieht aber nicht explosionsartig wie bei der bekannten Knallgasreaktion, sondern kontinuierlich und langsam. Zieht man die Analogie zur Kerntechnik, so gleicht die Knallgasreaktion einer Atombombe und die Brennstoffzelle einem Kernreaktor. Der Trick zur Verlangsamung der Reaktion funktioniert folgendermaßen: Die bei der Wasserbildung von den H-Atomen zu den O-Atomen hin verlagerten beiden Elektronen lässt man nicht auf dem kürzesten Wege dorthin gelangen. Vielmehr schickt man sie durch einen äußeren Stromkreis, wobei sie elektrische Arbeit verrichten können, zum Beispiel einen Elektromotor antreiben. Das Funktionsprinzip einer Brennstoffzelle ist in Abbildung 4.30 erläutert. Die Ausgangsstoffe, H_2 und O_2, werden durch je ein für das betreffende Gas durchlässiges Diaphragma (D) geschickt, die Anode und die Kathode. In diesen verwandeln sich die Gase in H^+- und O^{2-}-Ionen. Das bewirkt die chemische Natur des Materials der Diaphragmen. Dabei geben die H-Atome je ein Elektron ab, und die O-Atome nehmen je zwei auf. Zwischen den Diaphragmen befindet sich ein Elektrolyt (E), durch den die Ionen wandern können. Als Isolator stellt er allerdings für Elektronen einen hohen Widerstand dar. Daher wandern diese lieber durch den metallischen Leiter (L) außen herum vom Wasserstoff zum Sauerstoff. Dabei wird ein Teil ihrer potenziellen Energie, die sie zwischen den beiden Diaphragmen besitzen, in einem Verbraucher (V) in elektrische Arbeit W_e umgewandelt, ein anderer Teil in Joulesche Stromwärme Q_J. Im Elektrolyten vereinigen sich die H^+- und O^{2-}-Ionen zu Wassermolekülen und erzeugen dabei Reaktionswärme Q_r. Brennstoffzellen ähneln daher in ihrer Struktur

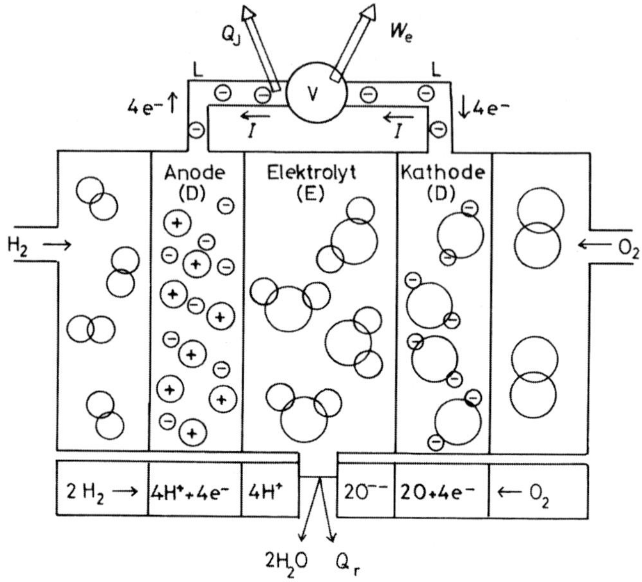

Abb. 4.30 Funktionsprinzip einer Brennstoffzelle; Erläuterungen im Text. Die Entropie der Stoffe, die verbraucht werden, nimmt ab ($\Delta N < 0$), diejenige der erzeugten nimmt zu ($\Delta N > 0$).

und Funktionsweise den bekannten Trockenbatterien. Doch ist in diesen nur ein endlicher Energievorrat gespeichert, in den Brennstoffzellen wird er von außen kontinuierlich nachgeliefert.

Der elektrische Wirkungsgrad η_e einer Brennstoffzelle ist definiert als das Verhältnis der erzeugten elektrischen Energie W_e zur hineingesteckten chemischen Energie. Letztere ist nach dem Energieerhaltungssatz gleich der insgesamt frei werdenden Energie $W_e + Q_J + Q_r$:

$$\eta_e = \frac{W_e}{W_e + Q_J + Q_r}. \tag{4.25}$$

Die elektrische Energie W_e ist gleich der Klemmenspannung mal der durch den Leiter transportierten elektrischen Ladung. Die Joulesche Wärme Q_J ist gleich dem elektrischen Widerstand mal dem Quadrat der Stromstärke. Die Reaktionswärme Q_r ist für eine reversibel arbeitende Zelle gleich TS_r (T Temperatur, S_r Reaktionsentropie, s. Gl. (3.4) ohne

Δ's). Setzt man berechnete Zahlenwerte in Gleichung (4.25) ein, so erhält man für den idealen Wirkungsgrad 83%. In der Praxis erreicht man etwa 60% (s. Abb. 5.1).

*****

Exkurs: Entropiebilanz einer Brennstoffzelle

Der zweite Hauptsatz der Thermodynamik verlangt, dass die gesamte Entropie des abgeschlossenen Systems, Brennstoffzelle plus Gasvorräte plus Reaktionsprodukte mit der Zeit anwächst, $\Delta S_{ges} \geq 0$. In Abbildung 4.31 ist die Entropiebilanz einer Brennstoffzelle skizziert:

$$\Delta S_{ges} = \Delta S(H_2) + \Delta S(O_2) + \Delta S(BZ) + \Delta S(H_2O) + \Delta S(Q_r) \geq 0. \quad (4.26)$$

Die Joulesche Wärme wird hier nicht mit dazu gerechnet, weil die elektrische Energie mit $\Delta S = 0$ gespeichert werden könnte, zum Beispiel in einem Kondensator. Die Brennstoffzelle und damit ihre Entropie soll sich beim Betrieb nicht verändern, $\Delta S(BZ) = 0$. Dann wird aus Gleichung (4.26)

$$\Delta S(Q_r) \geq -[\Delta S(H_2) + \Delta S(O_2) + \Delta S(H_2O)]. \quad (4.27)$$

Der Ingenieur muss also die Brennstoffzelle so konstruieren, dass die Entropieänderung $\Delta S(Q_r)$ größer als das Negative der Summe der Entropieänderungen der beteiligten Stoffe wird. Andernfalls produziert die Zelle keinen Strom. Man muss daher die abzuführende Wärme groß genug machen oder die Temperatur, bei der sie abgeführt wird, genügend niedrig. Hier zeigt sich wieder die Bedeutung der Thermodynamik für das Funktionieren von Energiewandlern.

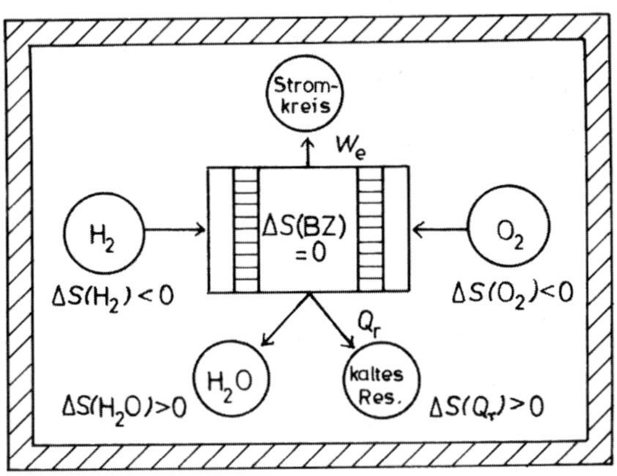

Abb. 4.31 Zur Entropiebilanz einer Brennstoffzelle; Erläuterungen im Text.

Brennstoffzellen sind heute noch wenig verbreitet aus folgenden Gründen: Zwar haben sie Vorteile, sie haben keine bewegten Teile und arbeiten geräuschlos. Außerdem kann man sie statt mit Wasserstoff auch mit anderen wasserstoffhaltigen Gasen betreiben, zum Beispiel mit Methan, Alkohol, Benzol usw. Aber die Bestandteile einer Brennstoffzelle sind teuer und aufwändig herzustellen. Die Diaphragmen bestehen zum Beispiel aus komplexen Metallverbindungen wie $NiLiCrCO_2$, PtC oder $LaSrMnO_3$ oder aus Kohlenstoff-Nanoröhrchen, die mit Pt oder Pd beschichtet sind. Als Elektrolyt werden Membrane mit $LiKCO_3$, ZrO_2-YO_2 usw. verwendet. Die genaue Zusammensetzung dieser Substanzen ist meistens Betriebsgeheimnis der Hersteller. Aus all diesen Gründen werden Brennstoffzellen heute vor allem in der Raumfahrt und vom Militär genutzt, wo es auf die Kosten nicht so ankommt. Brennstoffzellen finden sich in Satelliten und in U-Booten. Die Abbildung 4.32 zeigt einen 120-Kilowatt-Modul für den U-Boot-Antrieb. Da die elektrische Spannung einer Zelle nur etwa 1 Volt beträgt, werden in der Praxis oft mehrere hundert Zellen hintereinander geschaltet. Man erreicht so Leistungen von 100 Kilowatt und mehr. In Japan gibt es eine stationäre Anlage mit 11 Megawatt Leistung. Die Autoindustrie hat bisher erst einige tausend Versuchsfahrzeuge gebaut, die mit Brennstoffzellen und einem Elektromotor angetrieben werden. Es wird jedoch intensiv an der Weiterentwicklung für den PKW-Betrieb gearbeitet, denn Brennstoffzellen haben vor batteriebetriebenen Elektroautos zwei Vorteile: eine größere Reichweite bei vergleichbaren Betriebskosten und eine viel kürzere Ladezeit beim Tanken. Ebenfalls im Versuchsstadium befinden sich Zellen im Miniaturformat als Ersatz für Akkus in Computern und Mobiltelefonen. Eine weite Verbreitung von Brennstoffzellen wird heute vor allem durch deren Preis beeinträchtigt und auch durch das Fehlen einer flächendeckenden Wasserstoffversorgung.

Wasserstoff aus Sonnenenergie

Das Hauptproblem bei der Einführung einer Brennstoffzellentechnik ist die Versorgung der Verbraucher mit Wasserstoff. Am rationellsten betreibt man nämlich Brennstoffzellen mit reinem Wasserstoff und mit

Abb. 4.32 Hochintegriertes 120 kW PEM-Brennstoffzellen-Modul für den außenluftunabhängigen Antrieb in U-Booten (Foto: Siemens AG).

Luft als Sauerstofflieferant. Der Stickstoffanteil der Luft stört praktisch nicht. Der Energiegewinn bei der Wassersynthese beträgt 142 Megajoule pro Kilogramm Wasserstoff bzw. 16 Megajoule pro Kilogramm Wasser:

$$H_2 + O_2/2 \rightarrow H_2O + 16\ \mathrm{MJ/kg}. \qquad (4.28)$$

Dagegen erhält man bei der Oxidation von Kohlenstoff, wie in den konventionellen Verbrennungs-Kraftwerken, nur 37 Megajoule pro Kilogramm Kohlenstoff bzw. 10 Megajoule pro Kilogramm Kohlendioxid:

$$C + O_2 \rightarrow CO_2 + 10\ \mathrm{MJ/kg}. \qquad (4.29)$$

Daher ist Wasserstoff der bessere Energielieferant. Außerdem erzeugt seine Oxidation kein klimaschädliches Kohlendioxid. Wasserstoffgas kommt allerdings in der Natur nur in verschwindend geringen Mengen vor. In unserer Atmosphäre ist es nur mit einem Millionstel Volumenanteil enthalten. Wenn wir Wasserstoff nutzen wollen, müssen wir ihn also aus wasserstoffhaltigen Verbindungen herstellen.

Dafür gibt es im Wesentlichen drei verschiedene Verfahren:

- durch Abspaltung aus Verbindungen, die durch Photosynthese aus Sonnenenergie entstanden sind,
- durch Elektrolyse von reinem Wasser,
- durch Sonnenbestrahlung und Katalyse von reinem Wasser bei hoher Temperatur.

Wir wollen diese drei Verfahren kurz besprechen:

- Bei der Gewinnung von Wasserstoff aus fossilen Kohlenwasserstoffen oder aus Biomasse werden diese Substanzen durch Wasserdampf von 500 °C und 30 bar Druck in Methan, Wasserstoff, Kohlenmonoxid und Kohlendioxid zerlegt (»Reformierung«). Anschließend wird bei 900 °C durch einen Nickelkatalysator der restliche Wasserstoff aus dem Methan abgespalten. Der Nachteil dieses Verfahrens ist das Abfallprodukt Kohlendioxid, das als Treibhausgas unerwünscht ist.
- Bei der anorganischen Wasserelektrolyse wird Wasser durch Zusatz von Säuren, Salzen oder Laugen leitfähig gemacht. Beim Duchgang von aus Sonnenenergie gewonnenem Strom entsteht an der Kathode Wasserstoff, an der Anode Sauerstoff. Beides wird getrennt aufgefangen und gespeichert und kann in einer Brennstoffzelle wieder in Elektrizität umgewandelt werden.
- Bei der Direktbestrahlung von reinem Wasser mit konzentrierter Sonnenenergie wird es oberhalb von 1700 °C spontan in Wasserstoff und Sauerstoff zerlegt. Ein brauchbarer Wirkungsgrad entsteht aber erst oberhalb von 2700 °C. Solche Temperaturen kann man zum Beispiel in Solaröfen erreichen (s. Abschn. 4.3). Es gibt auch die Möglichkeit, mit Hilfe chemischer Kreisprozesse, etwa mittels Jod und Schwefelsäure, schon bei 900 °C zu arbeiten. Diese Variante ist jedoch noch in Erprobung, ebenso wie Experimente mit anderen Katalysatoren, zum Beispiel Kobaltferrit und Aluminiumoxid.

Wasserstoffspeicherung

Hat man den Wasserstoff mittels eines der drei genannten Verfahren erzeugt, so muss man ihn aufbewahren und transportieren können, bis er gebraucht wird. Hierfür gibt es im Wesentlichen vier verschiedene Methoden, die jede ihre Vor- und Nachteile haben: Aufbewahrung in Stahlflaschen bei hohem Druck, Verflüssigung bei tiefer Temperatur, Speicherung in Metallen bei mäßigem Druck und Umwandeln des Wasserstoffs in stabile chemische Verbindungen. Wir wollen diese Methoden kurz charakterisieren:

- Gasförmiger Wasserstoff hat bei normalem Druck und normaler Temperatur eine Dichte von 90 Gramm pro Kubikmeter. Das entspricht einer Energie von 3,6 Kilowattstunden pro Kubikmeter. Damit kann ein Mittelklassewagen nur einige Minuten lang fahren. Und ein Kubikmeter ist etwa so groß wie der halbe Innenraum des Fahrzeugs. Daher muss man den Wasserstoff komprimieren. Das geht in kohlefaserverstärkten Druckbehältern auf das 800-Fache. Dann nimmt die Wasserstoffmenge von einem Kubikmeter Gas nur noch ein Volumen von 1,25 Liter ein. Allerdings verbraucht der Kompressor bis zu 12% der Energie, die im Wasserstoff enthalten ist. Das Speichern durch Kompression lohnt sich auch nur im großtechnischen Betrieb. Es gibt ferner noch die Möglichkeit, mit dem Wasserstoff und mit Kohlendioxid katalytisch Methan zu erzeugen. Das hierzu notwendige CO_2 ist als Abfallprodukt aus der Biomasse-Verbrennung oder aus Wärme-Kraftwerken billig zu haben. Methan lässt sich vielseitiger und risikoärmer handhaben als Wasserstoff.
- Wenn man Wasserstoff auf –252 °C abkühlt, wird er flüssig. Dann hat er eine Dichte von 71 Kilogramm pro Kubikmeter. Diese Menge Wasserstoff liefert 2800 Kilowattstunden, was für einen Mittelklassewagen einige Stunden Fahrzeit bedeutet. Da aber in einem PKW nur ein Bruchteil eines Kubikmeters Platz hat, ist auch flüssiger Wasserstoff für diesen Zweck nicht sehr aussichtsreich. Außerdem verbraucht der Verflüssiger etwa 20% der im Wasserstoff enthaltenen Energie. Schließlich muss der verflüssigte Wasserstoff wegen seiner niedrigen Temperatur gut wärmeisoliert aufbewahrt werden, sonst verdampft er sehr schnell.
- Die dritte Methode der Wasserstoffspeicherung ist die vielversprechendste. Hierbei wird der Wasserstoff in Metallen oder in keramischen Werkstoffen gelöst. Dabei lagern sich die Wasserstoffatome in die Zwischenräume des Kristallgitters des Metalls ein. Man hat dann

ein kompaktes Bauelement. Allerdings steht die Entwicklung geeigneter Speichersubstanzen noch am Anfang. Die Dichte des Wasserstoffs in Metall- oder Keramikspeichern von rund 100 Kilogramm pro Kubikmeter ist etwas höher als die von flüssigem Wasserstoff. Ein großer Vorteil solcher Speicher besteht darin, dass sie bei normaler Umgebungstemperatur und bei geringen Drücken verwendet werden können. Andererseits sind sie so schwer, dass sie für den PKW-Betrieb bis heute nicht in Frage kommen, wohl aber für Brennstoffzellen in Lastwagen, Bussen und in U-Booten.

- Schließlich gibt es noch die Möglichkeit, den Wasserstoff in stabile chemische Verbindungen umzuwandeln, zum Beispiel in Propan, Ameisensäure usw., und diese dann zu speichern (sogenannte Power-to-Gas-Verfahren). Nach Bedarf kann man sie dann wieder als Brennstoffe nutzen.

Zusammenfassend ist zur Wasserstofftechnik zu sagen, dass sie sich heute noch weitgehend im Versuchsstadium befindet. Auch der Transport elektrischer Energie über weite Strecken durch Umwandlung in Wasserstoff ist bisher viel unrationeller als der direkte Transport durch Stromleitungen (s. Abschn. 5.2). Doch gibt es schon einige technologische Nischen, wo mit Wasserstoff betriebene Brennstoffzellen sinnvoll eingesetzt werden können. Schließlich darf nicht unerwähnt bleiben, dass Wasserstoff an Luft ein hochexplosives Gas ist. Die Knallgasreaktion kennen wir aus der Schule. Und die Explosion des Luftschiffes Hindenburg 1937 in Lakehurst ist noch nicht vergessen.

4.5 Raumklimatisierung

Wärmepumpen und Kühlgeräte

In der Abbildung 1.1 hatten wir eine Übersicht über die Energieumwandlungen betrachtet, allerdings nur solche »von oben nach unten«, das heißt, von den Primärenergieformen zu den Nutzenergien, Wärme, Bewegung und Elektrizität. Natürlich gibt es auch Umwandlungen »von unten nach oben«. Zu diesem Typ von Wandlern gehören der Elektromotor,

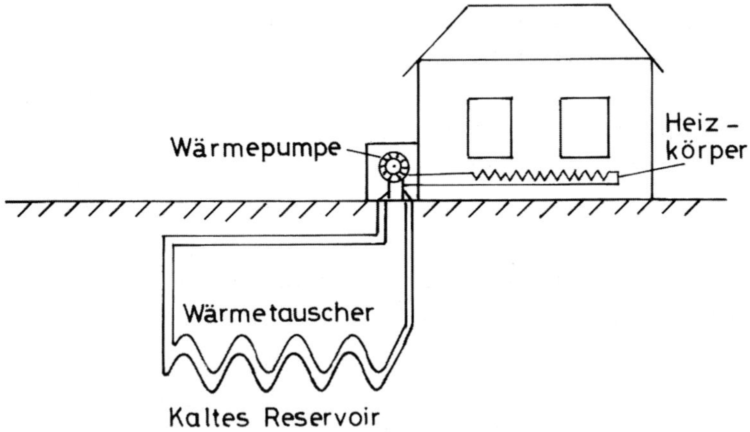

Abb. 4.33 Prinzip einer Wärmepumpenanlage zur Raumheizung. Kaltes Reservoir im Erdboden oder im Grundwasser.

die Elektroheizung, die elektrische Beleuchtung und die **Wärmepumpe**. Die Letztere ist uns in ihren beiden Versionen als Kühlschrank oder als Klimaanlage (Kühlung oder Heizung) wohlbekannt. Eine Wärmepumpe zur Raumheizung ist sozusagen ein umgekehrter Kühlschrank. Dabei wird der Wärmetauscher, der auf der Rückseite des Kühlschranks die entstehende Wärme an die Raumluft abgibt, als Heizungsquelle benutzt. Das kalte Reservoir befindet sich dann außerhalb des Hauses, zum Beispiel im Boden oder im Grundwasser (Abb. 4.33). Der Motor der Anlage pumpt eine Arbeitsflüssigkeit durch das Rohrsystem. Will man die Wärmepumpe zum Kühlen eines Raumes nutzen, so verwendet man sie andersherum als einen Kühlschrank. Wir besprechen gleich anhand von Abbildung 4.34, wie das funktioniert.

Die Wärmepumpe hat ihren Namen daher, dass sie mit Hilfe elektrischer oder mechanischer Energie eine gegebene Temperaturdifferenz vergrößert. Sie pumpt sozusagen Wärmeenergie von einem kalten zu einem warmen Reservoir. Das ist kein Widerspruch zum zweiten Hauptsatz, der da sagt »Wärme kann nicht von selbst von einem kälteren zu einem wärmeren Körper fließen« (s. Abschn. 3.4). Denn bei einer Wärmepumpe fließt die Wärme ja nicht von selbst, sondern sie wird unter Energieaufwand von der Maschine transportiert. Dabei nimmt die

Entropie des Gesamtsystems zu, wie es der zweite Hauptsatz verlangt und wie wir gleich sehen werden (s. Abb. 4.36).

In Abbildung 4.34 ist die Funktion einer Wärmepumpe skizziert. Sie besteht aus einem Rohrsystem, in dem eine Flüssigkeit zirkuliert. Diese wird abwechselnd verdampft und wieder kondensiert. Sie fließt von einem kalten Körper, dem Verdampfer, bei dem sie siedet, zu einem warmen Reservoir, dem Kondensator, bei dem sie wieder verflüssigt wird. Den Transport der Flüssigkeit bewirkt ein Kompressor bzw. eine Kolbenpumpe. Sie sorgt dafür, dass das Medium bei hoher Temperatur und hohem Druck kondensiert und somit Kondensationswärme abgibt. Anschließend entspannt es sich durch eine Drossel bzw. Düse und verdampft bei tiefer Temperatur und niedrigem Druck. Damit hat man genau den gewünschten Effekt: Wärme wird bei hoher Temperatur abgegeben und bei tiefer aufgenommen. Das ist genau das Gegenteil davon, was wir beim Verdampfen und Kondensieren von Wasser *bei konstantem* Druck gewohnt sind. Dass eine Flüssigkeit sich beim Verdampfen abkühlt, beruht bekanntlich darauf, dass Energie notwendig ist, um die Moleküle voneinander zu trennen. Beim Kondensieren lagern die Moleküle sich wieder aneinander an, wobei die entsprechende Menge Energie wieder frei wird. In Abbildung 4.35 ist das Funktionsdiagramm einer solchen Wärmepumpe mit den Temperatur- und Druckwerten für Propan als Arbeitsflüssigkeit skizziert.

Als Arbeitsmedium bzw. »Kältemittel« verwendet man entweder Propan, Butan oder Pentan, aber auch Ammoniak, Kohlendioxid und fluorierte Kohlenwasserstoffe, zum Beispiel $F_3C_2FH_2$. Die früher gebräuchlichen chlorierten Kohlenwasserstoffe (FCKW) sind heute verboten, weil sie die atmosphärische Ozonschicht zerstören, die uns vor der gefährlichen UV-Strahlung der Sonne schützt. Man wählt das Kältemittel so aus, dass es optimal zu den gewünschten und verfügbaren Temperatur- und Druckbereichen passt. Diese Bereiche sind für die verschiedenen Anwendungsgebiete sehr verschieden: Kühlschränke, Tiefkühltruhen, Klimaanlagen, Raumheizung oder Raumkühlung, Geräte für die Lebensmittelindustrie und -lagerung, für Kunsteisbahnen, Schwimmbäder usw., jeweils mit anderen Temperaturansprüchen.

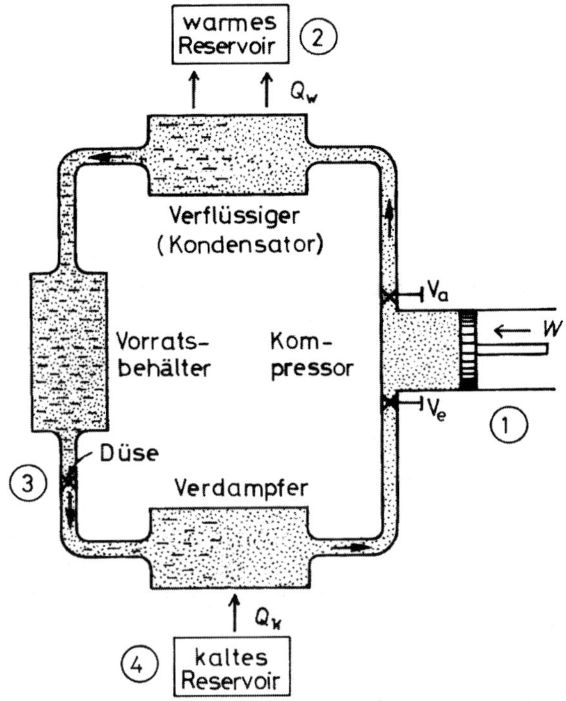

Abb. 4.34 Funktion einer Wärmepumpe; Erläuterungen im Text.

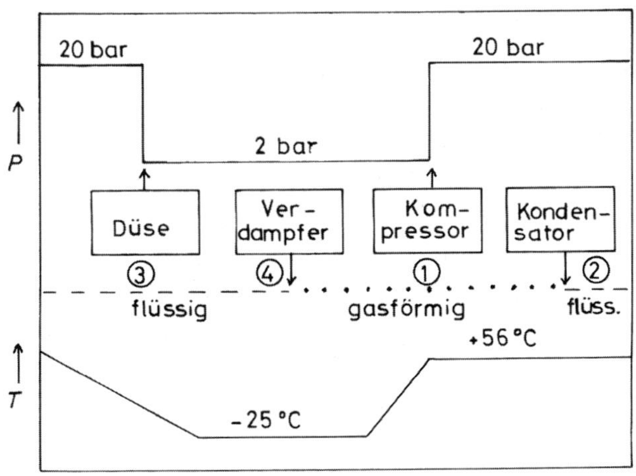

Abb. 4.35 Verlauf von Druck *P* und Temperatur *T* in einem Wärmepumpen-Kreislauf mit Propan als Arbeitssubstanz, schematisch. Die Zahlen im Kreis entsprechen denen der Abb. 4.34.

Exkurs: Entropiebilanz einer Wärmepumpe

Wie bei den Wärme-Kraft-Maschinen wollen wir auch bei den Wärmepumpen bzw. Kühlmaschinen sehen, was der zweite Hauptsatz dazu sagt. In Abbildung 4.36 ist ein abgeschlossenes System dargestellt, bestehend aus warmem (w) und kaltem (k) Reservoir, einer Wärmepumpe (m), einer Energiequelle (e) (zum Beispiel Stromgenerator) und einer Verlustsenke (v). Außen herum ist für jeden Bestandteil das Energie-Entropie-Diagramm skizziert (vgl. Abb. 3.5b und 4.15). Die Entropie der fünf Bestandteile summiert sich zur Gesamtentropie

$$S_{\mathrm{ges}} = S_{\mathrm{w}} + S_{\mathrm{k}} + S_{\mathrm{m}} + S_{\mathrm{e}} + S_{\mathrm{v}}. \qquad (4.30)$$

Für einen Maschinenzyklus, Kompression plus Expansion, muss die Entropieänderung nach dem zweiten Hauptsatz positiv sein:

$$\Delta S_{\mathrm{ges}} = \Delta S_{\mathrm{w}} + \Delta S_{\mathrm{k}} + \Delta S_{\mathrm{m}} + \Delta S_{\mathrm{e}} + \Delta S_{\mathrm{v}} \geq 0. \qquad (4.31)$$

Weil die Maschine zyklisch läuft, ändert sich ihre Entropie selbst während des Betriebes nicht ($\Delta S_{\mathrm{m}} = 0$). Das Gleiche gilt für den Generator ($\Delta S_{\mathrm{e}} = 0$). Dann wird aus Gleichung (4.31)

$$\Delta S_{\mathrm{w}} + \Delta S_{\mathrm{v}} \geq -\Delta S_{\mathrm{k}}. \qquad (4.32)$$

Da ΔS_{k} negativ ist, wird die rechte Seite positiv. Diese Gleichung stellt die Bedingung dar, die der Maschinenbauer einhalten muss, damit die Wärmepumpe funktioniert. Wenn man die Verluste sehr klein macht, dann gilt näherungsweise $|\Delta S_{\mathrm{w}}| \geq |\Delta S_{\mathrm{k}}|$. Mit $\Delta S_{\mathrm{w}} = Q_{\mathrm{w}}/T_{\mathrm{w}}$ und $\Delta S_{\mathrm{k}} = Q_{\mathrm{k}}/T_{\mathrm{k}}$ (s. Gl. (3.4)) folgt dann

$$Q_{\mathrm{w}}/T_{\mathrm{w}} \geq Q_{\mathrm{k}}/T_{\mathrm{k}} \quad \text{bzw.} \quad Q_{\mathrm{w}} \geq Q_{\mathrm{k}} T_{\mathrm{w}}/T_{\mathrm{k}}. \qquad (4.33)$$

Bei gegebenen Temperaturen müssen Q_{w} und Q_{k} dieser Bedingung genügen.

*****

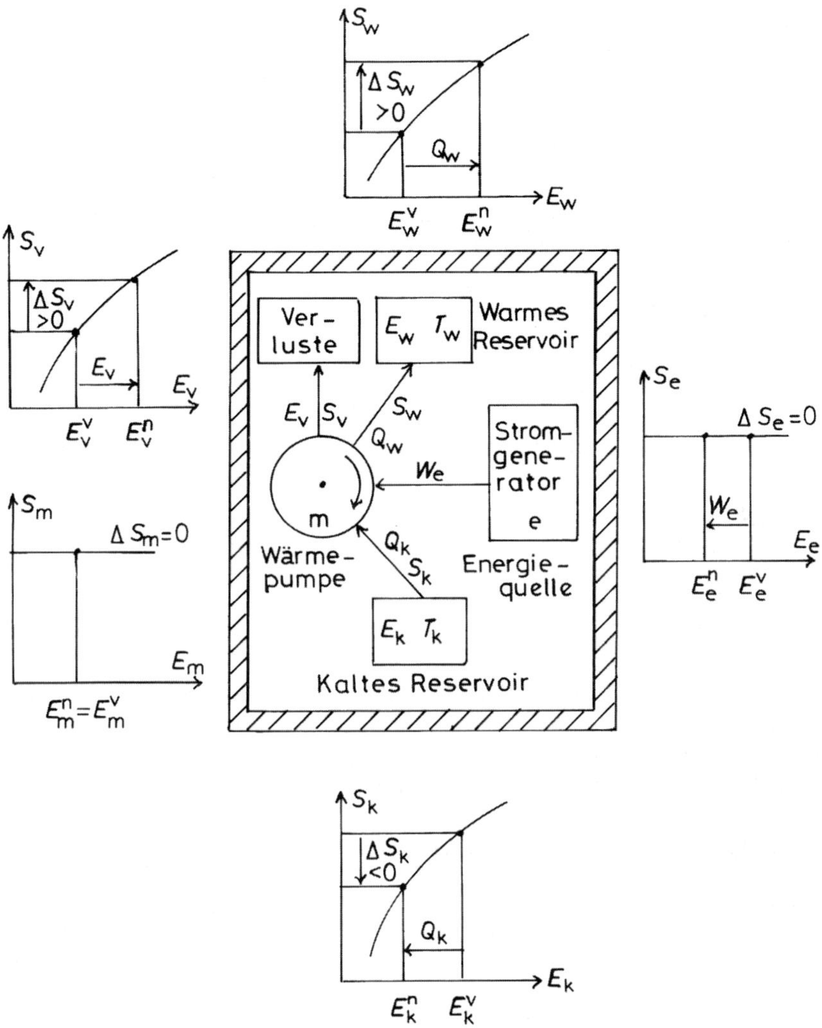

Abb. 4.36 Schema eines abgeschlossenen Systems mit einer Wärmepumpe; Erläuterungen im Text. Die oberen Indizes bei E bedeuten: v vor, n nach einem Maschinenzyklus. Man beachte: W_e und Q_k sind positiv zu rechnen, weil sie der Wärmepumpe zugeführt werden, E_v und Q_w negativ, weil sie abgeführt werden.

Wir wollen nun noch die Güte einer Wärmepumpe betrachten. Bei ihr müssen wir bezüglich der Nutzenergie zwei Fälle unterscheiden: Entweder will man kühlen, dann ist $E_n = Q_k$, oder man will heizen, dann ist $E_n = Q_w$. Die aufgewandte Energie E_p ist in beiden Fällen die elektrische W_e zum Antrieb des Kompressors. Bei der Wärmepumpe definiert man für das Verhältnis von Nutzen zu Aufwand einen **Leistungsfaktor** ε und hat dann für die beiden genannten Fälle

$$\varepsilon_w = \frac{-Q_w}{W_e} \quad \text{und} \quad \varepsilon_k = \frac{Q_k}{W_e} \,. \qquad (4.34), (4.35)$$

Nach dem Energieerhaltungssatz gilt $Q_k + W_e = -(Q_w + E_v)$ (Abb. 4.36) bzw. $W_e = -Q_w - Q_k - E_v$. Damit wird für die Raumheizung

$$\varepsilon_w = \frac{Q_w}{Q_w + Q_k + E_v} \qquad (4.36)$$

und für den Kühlschrank

$$\varepsilon_k = \frac{-Q_k}{Q_w + Q_k + E_v} \,. \qquad (4.37)$$

Für $E_v \ll Q_w, Q_k$ und für eine reversible Maschine ist nach Gleichung (3.4) $Q = TS$ und nach Gleichung (4.32) $S_w = -S_k$. Damit ergibt sich, ähnlich wie bei der Wärme-Kraft-Maschine, ein maximaler idealer (verlustfreier) Leistungsfaktor

$$\varepsilon_w^{max} = \frac{T_w}{T_w - T_k} \quad \text{bzw.} \quad \varepsilon_k^{max} = \frac{T_k}{T_w - T_k} \,. \qquad (4.38), (4.39)$$

Setzen wir hier Zahlen ein, zum Beispiel $T_k = 283\,K$ (10 °C) und $T_w = 323\,K$ (50 °C) für die Raumheizung, so ergibt sich $\varepsilon_w{}^{max} = 8{,}1$. In der Praxis erreicht man wegen der Irreversibilität der Maschine und wegen der Verluste nur Werte von 3 bis 4. Die Zahlen für eine Kühltruhe lauten zum Beispiel $T_k = 268\,K$ (–5 °C) und $T_w = 323\,K$ (50 °C) sowie $\varepsilon_k{}^{max} = 4{,}9$; in der Praxis ebenfalls 3 bis 4. Man sieht den Gleichungen (4.38) und (4.39) an: Je dichter T_w und T_k beieinander liegen, umso größer wird der Leistungsfaktor, umso kleiner wird aber natürlich das zu überbrückende Temperaturintervall.

Was bedeutet ein Leistungsfaktor von 3 in der Praxis? Nach Gleichung (4.34) heißt es, dass man für jedes Joule aufgewandter elektrischer Energie (W_e) 3 Joule Wärmeenergie (Q_w) für die Raumheizung gewinnt. Die Differenz $Q_w - W_e = Q_k$ von 2 Joule wird dem kalten Reservoir entnommen. Würde man dagegen das eine elektrische Joule direkt zum Heizen mittels elektrischem Heizstrahler verwenden, so bekäme man dafür auch nur 1 Joule Wärmeenergie. Die Wärmepumpe scheint also viel günstiger zu sein als die Elektroheizung. Das ist jedoch ein Trugschluss, denn die Herstellung der elektrischen Energie für den Kompressor erfolgt im Kraftwerk mit einem Wirkungsgrad von $\eta = 35\%$ (s. Abb. 5.1). Der »Gesamtleistungsfaktor« ist dann $(\eta \cdot \varepsilon_w) = 0{,}35 \cdot 3 = 1{,}05$. Die 2 Joule, die die Wärmepumpe dem kalten Reservoir entnimmt, wurde ihm vorher auf anderen Wegen zugeführt, zum Beispiel durch das Kühlwasser des Kraftwerks. Wir haben es hier also mit einer Art indirekter Kraft-Wärme-Kopplung zu tun (s. Abb. 4.7). Ein Gesamtleistungsfaktor von 1,05 ist aber immer noch deutlich besser als ein Wirkungsgrad von 0,35 bei elektrischer Direktheizung. Daher kommen Wärmepumpen auch mehr und mehr als Klimaanlagen in Gebrauch. Weltweit sind bereits viele Hunderttausend in Betrieb, in Deutschland allein etwa 50 000.

4.6 Erdwärme und Gezeiten

Geothermie

Unsere Erde ist nur in einer dünnen Oberflächenschicht lebensfreundlich. In ihrer Mitte beträgt die Temperatur etwa 7000 °C und 99 % ihres Volumens sind über 1000 °C heiß. Die hier erzeugte bzw. gespeicherte Wärme wird ständig in den kalten Weltraum abgestrahlt, von innen durch die feste Erdkruste und die Atmosphäre hindurch (s. Abb. 2.1). Die feste Kruste ist unter den Ozeanen im Mittel nur 10 km dick, unter den Kontinenten 35 km. Das gesamte Innere ist flüssig. An der Oberfläche beträgt die von innen kommende Strahlungsleistung 0,087 Watt pro

Quadratmeter. Das sind etwa 0,025 % der Einstrahlung von der Sonne her. Summiert man die Erdwärmestrahlung über die ganze Oberfläche, so ergeben sich 44 000 Gigawatt, das Dreifache des gesamten Energiebedarfs der Menschheit (s. Abb. 1.3). Der Temperaturgradient in der Erdkruste beträgt etwa 25 Grad pro Kilometer. Das heißt, je 100 m Tiefe nimmt die Temperatur um 2,5 Grad zu.

Die **Erdwärme** rührt zur einen Hälfte aus der radioaktiven Strahlung von Uran, Thorium, Kalium usw. im Erdinnern her. Zum anderen hat die bei der Entstehung der Erde frei gewordene Gravitationsenergie zu einer starken Temperaturerhöhung im Inneren geführt. Bis die Erde einmal vollständig abgekühlt und fest geworden ist, werden noch Milliarden Jahre vergehen – wenn sie nicht vorher von der Sonne »verschluckt« wird. Denn nach allem, was wir heute über die Funktion der Sonne wissen (s. Abschn. 2.1), wird sie in etwa 7 Milliarden Jahren zu einem roten Riesenstern anwachsen. Dieser wird einen tausendmal so großen Radius haben wie heute, nämlich 700 Millionen Kilometer. Die Erdbahn mit ihrem Radius von 150 Millionen Kilometern wird darin verschwinden.

Nun zurück zur Erdwärme. Ihre Nutzung wird **Geothermie** genannt und ist in zweifacher Weise möglich: entweder direkt zum Heizen von Räumen oder indirekt über eine Wärme-Kraft-Maschine und einen Generator zur Stromerzeugung. Zu diesen Zwecken muss die Erdwärme aus der Tiefe an die Oberfläche gebracht werden. Das geschieht durch heißes Wasser oder Dampf. Entweder gibt es diese in genügender Menge und von genügend hoher Temperatur schon im Boden. Oder man pumpt kaltes Wasser von oben in tiefe Gesteinsschichten, wo es sich entsprechend erwärmt, und pumpt es dann wieder an die Oberfläche zurück (Abb. 4.37). Stehen Wasser oder Dampf in der Tiefe unter hohem Druck, so braucht man die Formation nur anzubohren und erspart sich das Pumpen. Wasser bis etwa 100 °C kann man direkt zum Heizen verwenden, ähnlich wie von Sonnenkollektoren erwärmtes (s. Abschn. 4.3). Heißes Wasser oder Dampf lassen sich ferner mit einer Wärme-Kraft-Maschine in elektrischen Strom umwandeln. Der maximale Wirkungsgrad hierfür ist nach Gleichung (4.7) $\eta_{max} = 1-(T_k/T_w)$; für eine reale Maschine mit Verlusten rund die Hälfte davon nach Gleichung (4.8). In der Praxis erreicht man etwa 30 bis 40 %, mit Kraft-Wärme-Kopplung jedoch bis zu 70 %.

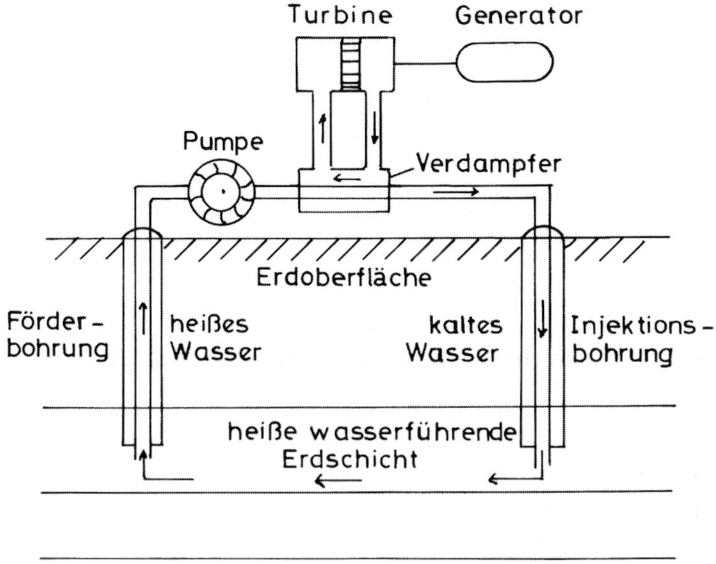

Abb. 4.37 Prinzip einer Geothermie-Anlage.

Natürlich ist es in allen Fällen günstig, wenn die Temperatur von natürlichen Quellen des heißen Wassers oder des Dampfes möglichst hoch ist. Und solche Stellen muss man suchen. Sie finden sich bevorzugt in Tiefen über 3000 m oder in der Nähe von vulkanischer Aktivität, zum Beispiel bei Geysiren. Im Yellowstone-Park in den USA und in manchen Gegenden Islands ist der thermische Energiestrom etwa 40-mal so hoch wie im Durchschnitt, nämlich etwa 3,5 Watt pro Quadratmeter. Dort findet sich genügend heißes Wasser schon nahe der Oberfläche. In Hawaii hat man sogar einen unterirdischen Lava-See angebohrt und zur Wassererwärmung genutzt. In Nicaragua, El Salvador, Kenia, Island und auf den Philippinen werden etwa 15 % des Elektrizitätsbedarfs mittels Erdwärme erzeugt. Ihr weltweiter Anteil an der Stromproduktion betrug aber im Jahr 2010 nur 0,6 % bzw. 14 Gigawatt. In Deutschland gibt es zurzeit etwa 25 Versuchsanlagen mit zusammen 0,5 Gigawatt Leistung, vor allem in Norddeutschland und in Oberbayern. Die Bohrtiefe beträgt hier im Durchschnitt 4000 m und die Wassertemperatur dort 150 °C.

Ein spezielles Problem der Erdwärmenutzung ist ihre Erschöpfbarkeit. Entzieht man nämlich einer Gesteinsformation zuviel Wärme, so kühlt sie sich ab. Und es dauert eine gewisse Zeit, bis vom Erdinnern wieder genügend Energie nachgeflossen ist. Diese Verhältnisse sind von Ort zu Ort natürlich sehr verschieden, denn sie hängen von der Wärmeleitfähigkeit der betreffenden Bodenformationen ab. In einem Geysir-Kraftwerk in Nord-Kalifornien begann die Wärmeleistung nach 30 Jahren nachzulassen und hat sich erst durch Nachfüllen von warmem Wasser innerhalb von 10 Jahren wieder auf den alten Stand eingestellt.

Die Kosten der Geothermie sind im Vergleich zu denen der Sonnenenergie relativ hoch, weil Tiefbohrungen teuer und risikobelastet sind. Es sich lohnt nur dort, wo die Temperaturen schon in geringen Tiefen hoch genug sind. Das ist vor allem in den vulkanischen Zonen rings um den Pazifik und an anderen Stellen der Fall, an denen die Plattentektonik aktiv ist und wo es oft Erdbeben gibt.

Gezeiten

Die Gezeiten, Ebbe und Flut, sind gigantische Wasserbewegungen in den Meeren der Erde. Sie kommen durch die Anziehungskräfte von Mond und Sonne zustande (Abb. 4.38). Dabei wirkt der Mond etwa doppelt so stark wie die Sonne, weil er zwar viel kleiner ist als diese, aber dafür viel näher an der Erde. Die Flutberge sind im freien Ozean etwa 0,5 m hoch und wandern infolge der Erddrehung zweimal am Tag über jeden geographischen Ort hinweg. Durch die Kontinente werden die Flutberge aus ihrer Ost-West-Bewegungsrichtung abgelenkt und wandern entlang der Küsten um die Kontinente herum. Das führt zu geographisch sehr verschiedenen Höhendifferenzen zwischen Hoch- und Niedrigwasser, je nachdem, wie sich das Wasser an den Küsten staut. Der höchste Gezeitenhub von bis zu 17 m wird an der Ostküste Kanadas beobachtet. In Meerengen entstehen außerdem starke Gezeitenströmungen mit Geschwindigkeiten von bis zu 10 Meter pro Sekunde.

Die Nutzung der Gezeitenenergie kann auf zweierlei Weise geschehen: Entweder setzt man, wie schon im Abschnitt 4.4 besprochen, Turbinen oder Propeller ins Meer und lässt sie vom Gezeitenstrom an-

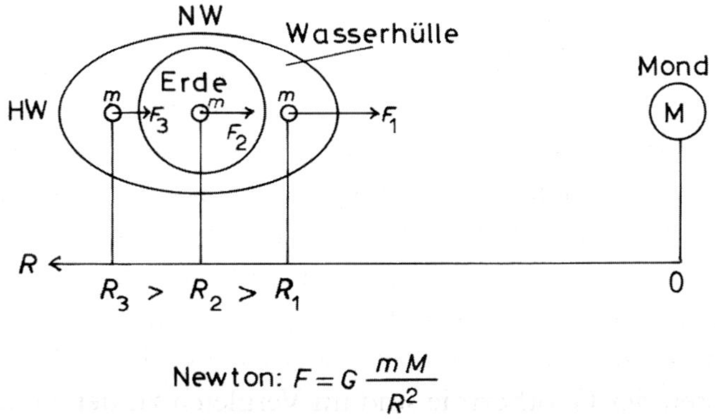

Abb. 4.38 Zur Gezeitenwirkung. Aus Newtons Gravitationsgesetz folgt für gleiche Massenelemente *m*, dass die Anziehungskraft *F* umso kleiner wird, je größer der Abstand *R* zwischen *m* und Mond (Masse *M*) ist. Seine Anziehungskraft auf *m* ist bei R_1 größer als bei R_2 und hier größer als bei R_3. Daher gibt es zwei Flutberge (HW) bei R_1 und R_3 sowie Niedrigwasser (NW) bei R_2 in einer Ebene senkrecht dazu. Die Dicke der Wasserhülle ist in dieser Darstellung stark übertrieben; in Wirklichkeit beträgt sie etwa 1/20 Strichstärke!

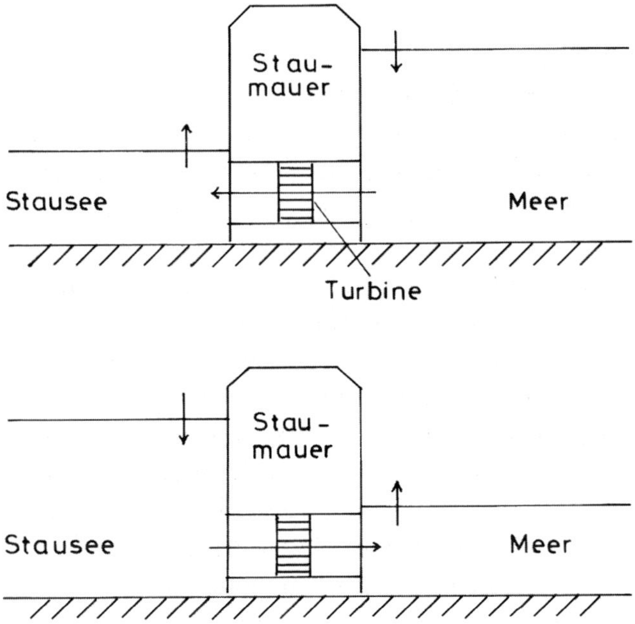

Abb. 4.39 Prinzip eines Gezeitenkraftwerks mit Staubecken.

Abb. 4.40 Gezeitenkraftwerk La Rance, Frankreich (Foto: Stephanemartin).

treiben. Oder man füllt einen Stausee bei Hochwasser und gleicht den Wasserspiegel bei Niedrigwasser durch eine Turbine hindurch wieder aus (Abb. 4.39).

Das erste große **Gezeitenkraftwerk** auf dieser Basis wurde 1967 am Fluss Rance an der französischen Atlantikküste eröffnet (Abb. 4.40). Es arbeitet bis heute mit einer Spitzenleistung von 240 Megawatt. Die Staumauer ist 750 m lang, das Staubecken hat eine Fläche von 22 Quadratkilometern. Der Gezeitenhub beträgt hier 12 bis 16 m. Seit 2011 gibt es ein noch größeres ähnliches Kraftwerk in Südkorea mit 254 Megawatt Spitzenleistung und mit einer 13 km langen Staumauer. In Großbritannien ist eine 16 km lange Mauer an der Mündung des Flusses Severn geplant mit einem Becken von 500 Quadratkilometer Fläche, einem Gezeitenhub von 15 m und einer Leistung von 2 Gigawatt. Es soll 22 Milliarden Euro kosten.

Der Wirkungsgrad von Gezeitenkraftwerken kann bis zu 90% betragen. Er berechnet sich aus der potenziellen Energie des Wassers, $E_{pot} = mg\Delta h$, und der gewonnenen elektrischen Energie $E_e = U_e I \Delta t$, welche die Turbine und der Generator liefern, zu

$$\eta = \frac{E_e - E_v}{E_{pot}}, \qquad (4.40)$$

Dabei ist E_v die Verlustenergie der Anlage, m die um die Höhe Δh gehobene Wassermasse, g die Erdbeschleunigung, U_e die elektrische Spannung, I der elektrische Strom und Δt die Zeit, während der dieser Strom fließt.

Weltweit gibt es etwa 100 brauchbare Standorte für Gezeitenkraftwerke an geeigneten Flussmündungen. Diese könnten zusammen bis zu 100 Gigawatt liefern. Die Gesamtleistung der Gezeitenströmungen der Erde werden auf etwa 3000 Gigawatt geschätzt. Wegen der zeitlich geregelten Leistung und wegen der langen Lebensdauer solcher Anlagen werden wahrscheinlich in naher Zukunft weitere Gezeitenkraftwerke gebaut werden.

Zusammenfassung

Wir haben nun eine große Zahl verschiedener Energiewandler und ihre Wandlungsmöglichkeiten für vielerlei Energieformen besprochen, vom Automotor über die Sonnenenergie, die Wärmepumpe bis zu den Gezeitenkraftwerken. Natürlich konnten wir nur eine Auswahl treffen. Dabei haben wir als gemeinsames Kriterium für die Brauchbarkeit einzelner Wandler deren Wirkungsgrad betrachtet. Er ist in verschiedener Weise definiert, je nachdem, welche Erscheinungsform der Energie in welche andere transformiert wird. Außerdem haben wir die Konsequenzen des zweiten Hauptsatzes der Thermodynamik diskutiert, der besagt, dass die Entropie in einem abgeschlossenen System nur zunehmen darf. Das legt die Grenzen fest, welche von Ingenieuren und Maschinenbauern beachtet werden müssen, damit ein Energiewandler bzw. eine Umwandlungsmethode funktioniert. Hier eröffnet sich ein weites Feld für Verbesserungen und Optimierungen der existierenden Verfahren und Geräte. Das Resümee lautet daher: Es gibt noch viel zu tun, besonders auf dem Gebiet der Sonnenenergie.

Kapitel 5
Zusamenfassende Beurteilung von Umwandlung, Transport und Speicherung von Energie

Zunächst werden wir uns einen zusammenfassenden Überblick über die Wirkungsgrade der im vorigen Kapitel besprochenen Energiewandler verschaffen. Anschließend besprechen wir die Vor- und Nachteile der alternativen Energiequellen sowie ihre Potenziale. So bezeichnet man die nach ökonomischen und ökologischen Gesichtspunkten weltweit erreichbaren Leistungen. Für die Nutzungsmöglichkeiten der verschiedenen Energieformen sind ferner die Verfahren für ihre Speicherung und für ihren Transport von entscheidender Bedeutung. Wir besprechen sie für die wichtigsten sekundären Erscheinungsformen, Wärmeenergie, Bewegungsenergie und elektrische Energie.

5.1 Wirkungsgrade, Potenziale und Bewertung

Wirkungsgrade

In der Abbildung 5.1 sind die Angaben über die realen Wirkungsgrade der bisher behandelten Wandler, und noch einiger anderer, zusammengestellt. Dabei ist zu berücksichtigen, dass die Wirkungsgrade für verschiedene Umwandlungsarten unterschiedlich definiert sind; beispielsweise als Verhältnis von Nutzenergie und Wärmezufuhr bei Wärme-Kraft-Maschinen oder von elektrischer Leistung und Lichtleistung bei Solarzellen. Man kann diese Angaben nicht auf einfache Weise ineinander umrechnen, aber man kann die Zahlen sehr wohl betragsmäßig miteinander vergleichen. Eine Glühbirne ist zum Beispiel eine sehr effektive elektrische Heizung ($\eta \approx 97\,\%$), aber eine sehr ineffektive Lichtquelle ($\eta \approx 3\,\%$). Trotzdem heizen wir nicht mit Glühbirnen, denn es gibt günstigere Elektroöfen. In den Spalten der Tabelle sind die Umwandlungen

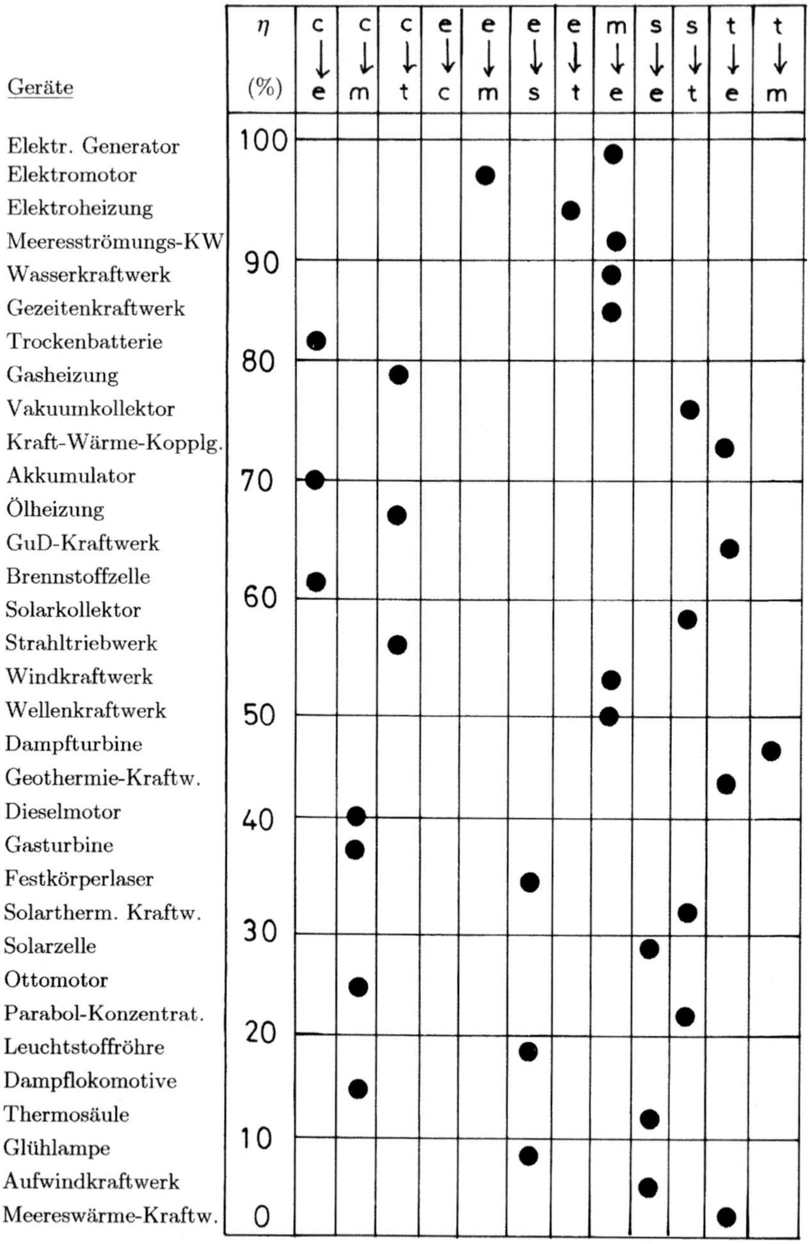

Abb. 5.1 Reale Wirkungsgrade verschiedener Energiewandler. Hier sind Mittelwerte angegeben. Im Einzelnen können die Zahlen bis zu 10 % höher oder niedriger sein. Die Umwandlungsarten sind abgekürzt: c chemisch, e elektrisch, m mechanisch, s Strahlung, t thermisch.

der verschiedenen Erscheinungsformen der Energie ineinander getrennt aufgeführt. Schaltet man mehrere Wandler hintereinander, zum Beispiel eine Dampfturbine (η_d = 48%) und einen Generator (η_g = 97%), so multiplizieren sich die Wirkungsgrade: $\eta_{ges} = \eta_d \eta_g$ = 46,6%. Die Abbildung enthält, wie gesagt, die realen, experimentell bestimmten Wirkungsgrade, die auch für ein und dasselbe Gerät je nach Bauart um bis zu 10% schwanken können. Die idealen oder »theoretischen« Wirkungsgrade sind natürlich höher, aber hier nicht erneut aufgeführt (s. Kap. 4).

Erinnern wir uns zum Schluss nochmal an die Definitionen des Wirkungsgrads als dem Verhältnis von verfügbarer Nutzenergie zur aufgewandten Primärenergie (s. Gl. (4.1)): Die Primärenergie müssen wir bezahlen, die Nutzenergie bekommen wir als Gegenwert und können sie verkaufen. Bei dieser Betrachtung erscheint uns alles, was unter 50% liegt, ziemlich unattraktiv. Das Bemühen der Entdecker und Erfinder, der Wissenschaftler und Ingenieure sollte daher auf die »Überwindung« dieser 50%-Grenze gerichtet sein. Ein Beispiel dafür ist die Erfindung des GuD-Kraftwerks (s. Abb. 4.11), wobei der Wirkungsgrad der Gasturbine (30–40%) und der Dampfturbine (40–50%) durch deren Kombination auf 65% gesteigert werden konnte.

Potenziale

Wir haben schon mehrfach festgestellt, dass die uns zur Verfügung stehende direkte und indirekte Sonnenenergie das Vieltausendfache des Energiebedarfs der Menschheit liefern könnte. Die verschiedenen Erscheinungsformen des indirekten Anteils und die verschiedenen Nutzungsarten des direkten liefern jedoch sehr unterschiedliche Beiträge dazu. Man findet in der Literatur häufig Angaben über den Umfang der nutzbaren Energiequellen und -vorräte. Diese Angaben weichen jedoch oft stark voneinander ab, je nachdem, ob es sich um ökonomisch oder ökologisch orientierte Schätzungen handelt und inwieweit die Umwelt und die betroffene Bevölkerung mit einbezogen ist. In der folgenden Tabelle sind einige dieser Schätzungen zusammengestellt, und zwar für die alternativen Energiequellen und zum Vergleich auch für die Kernenergie.

Aus ökologischen und ökonomischen Gründen maximal nutzbare Leistungen alternativer Energiequellen

Energiequelle	Mögliche Gesamtleistung	Energieform
Sonnenkollektor, Solarthermie und Photovoltaik	50 000 bis 10 Millionen GW	direkte Sonnenenergie
Wind	6000 bis 70 000 GW	indirekte Sonnenenergie
Flusskraft	2500 GW	indirekte Sonnenenergie
Wellen und Meeresströmung	300 bis 3000 GW	indirekte Sonnenenergie
Biomasse	8500 GW	indirekte Sonnenenergie
Gezeiten	60 GW	Gravitationsenergie
Erdwärme	4 bis 70 GW	Gravitations- und radioaktive Energie
Kernspaltung	370 GW	Kernenergie

Man muss die Zahlen der Tabelle mit dem gesamten Primärenergiebedarf der Menschheit von 17 000 Gigawatt vergleichen (s. Abb. 1.3). Das Leistungspotenzial der direkten Sonnenenergie ist demgegenüber fast beliebig groß; auf dem Festland kommen weltweit etwa 40 Millionen Gigawatt an. Die Angaben in der Tabelle sind eine grobe Schätzung dessen, was technisch, ökonomisch und ökologisch sinnvoll ist. Jeder der drei Wandler- bzw. Kraftwerkstypen, die direkte Sonnenenergie nutzen, könnte allein leicht den Gesamtbedarf der Menschheit decken; ebenso die Windenergie oder die übrigen indirekten zusammengenommen. Zum Vergleich ist auch noch das heute vorhandene Potenzial der Kernenergie aufgeführt. Dieses kann mit derzeitiger Reaktortechnik nicht wesentlich erhöht werden, weil die bekannten Uranvorräte beim heutigen Verbrauch nur noch höchstens 100 Jahre reichen (s. Abschn. 1.3). Und die Gewinnung von Uran aus dem Meerwasser ist bisher viel zu teuer.

Vor- und Nachteile alternativer Energiequellen

Es lohnt sich, die Vor- und Nachteile der verschiedenen alternativen Energiequellen zusammenfassend noch einmal genauer zu betrachten. Man hat ja im Allgemeinen mehrere davon zur Auswahl als Ersatz für die zu Ende gehenden fossilen Rohstoffe. Die Quellen der alternativen Energien – Sonne, Wind, Wellen usw. – kosten nichts, mit Ausnahme der Biomasse. Wir gehen deren Erscheinungsformen der Reihe nach durch, wie sie in der Tabelle erscheinen:

Sonnenkollektoren

Vorteile:

- Die Bevölkerung akzeptiert sie im Allgemeinen.
- Die Kollektoren können in kleinen Einheiten installiert werden, auch in wenig entwickelten Gebieten.

Nachteile:

- Die Kollektoren arbeiten nur bei Tage.
- Die Leistung schwankt mit der Bewölkung sowie mit der Tages- und Jahreszeit.
- Kollektoren müssen witterungsbeständig sein und entsprechend gewartet werden.

Solarkraftwerke

Vorteile:

- Sonnenkraftwerke auf thermischer Basis werden von der Bevölkerung akzeptiert.
- Ihre Errichtung kostet pro Leistungseinheit weniger als ein großes Kohle- oder Gaskraftwerk.

Nachteile:

- Sie müssen an Orten mit hoher Sonneneinstrahlung gebaut werden, zum Beispiel in Wüsten.
- Der erzeugte Strom muss dann über weite Strecken transportiert werden, zum Teil übers Meer in die Industriestandorte.
- Die Leistung schwankt mit Bewölkung und Jahreszeit.
- Die Spiegel müssen öfters gereinigt werden und die heißen Flüssigkeiten müssen sicher gehandhabt werden.

Solarzellen

Vorteile:

- Solarzellen werden von der Bevölkerung akzeptiert.
- Sie können in kleinen Einheiten installiert werden, auch in wenig entwickelten Gebieten.

Nachteile:

- Die Leistung schwankt mit der Bewölkung sowie mit der Tages- und Jahreszeit.
- Die Zellen müssen witterungsbeständig sein und entsprechend gewartet werden.
- Zellentypen mit hohem Wirkungsgrad enthalten seltene und teure Werkstoffe, für die zurzeit nicht leicht Ersatz zu finden ist.
- Es besteht ein erhöhtes Risiko bei Bränden, auch durch Selbstentzündung bei beschädigten Elektrokabeln.
- Solarzellen können relativ leicht gestohlen werden, was schon häufig passiert ist.

Wind

Vorteile:

- Windparks können an Land und im Meer gebaut werden.
- Windenergie ist relativ billig im Vergleich mit derjenigen aus Solarthermie und aus Solarzellen.

Nachteile:

- Die Bevölkerung hat Vorbehalte gegen Windkraftanlagen wegen der Gefahr für Vögel, wegen der Geräusche und wegen der Landschaftsveränderung.
- Die Leistung schwankt mit der Windstärke.
- Der erzeugte Strom muss aus windreichen Gegenden zum Teil weit bis zum Verbraucher transportiert werden.

Wasserkraft (Flüsse)

Vorteile:

- Wasserkraftwerke sind seit Jahrtausenden in Betrieb und werden im Allgemeinen akzeptiert.
- Die Leistung steht kostenlos zur Verfügung und, abgesehen von Trockenperioden, auch zeitunabhängig.

- Pumpspeicherwerke ermöglichen den Ausgleich schwankender Leistungen anderer Energiequellen.

Nachteile:

- Bei manchen Flussregulierungen und Stauseen gibt es Widerstände der Bevölkerung.
- Weltweit werden etwa die Hälfte aller lohnenden und umweltverträglichen Standorte schon genutzt.
- Dammbrüche mit verheerenden Überschwemmungen sind nicht auszuschließen.

Meeresenergie (Wellen, Gezeiten, Strömungen)

Vorteile:

- Es gibt viele noch unerforschte Standorte, vor allem für Strömungen.
- Die Leistung von Strömungen und Gezeiten ist zeitlich konstant oder gut planbar.
- Strömungskraftwerke liegen unter der Wasseroberfläche und sind weitgehend unsichtbar.
- Strömungskraftwerke werden von der Bevölkerung im Allgemeinen akzeptiert.

Nachteile:

- Meerwasser ist chemisch und mechanisch aggressiv. Die Anlagen müssen daher ständig gewartet werden.
- Die erzeugte Energie muss oft über weite Strecken transportiert werden.
- Wellen- und Gezeitenkraftwerke verändern die Umwelt und können auf Ablehnung in der Bevölkerung stoßen.

Biomasse

Vorteile:

- Pflanzen sind CO_2-neutral. Bei deren Verbrennung entsteht nur soviel davon, wie beim Wachstum verbraucht wurde.
- Es gibt genügend ungenutztes Land, um energieliefernde Pflanzen anzubauen.
- Holz und Pflanzenreste werden seit Jahrtausenden zum Kochen, Heizen und Bauen benutzt und diese Techniken sind Allgemeingut.

Nachteile:
- Energieliefernde Pflanzen stehen teilweise in Flächenkonkurrenz zu Nahrungspflanzen.
- Monokulturen energieliefernder Pflanzen benötigen teils umweltschädlichen Dünger. Sie entziehen dem Boden die natürliche Zufuhr von Pflanzenresten.
- Extensive Bodennutzung schadet der Umwelt und vermindert die Biodiversität.

Erdwärme

Vorteile:
- Erdwärme ist eine sehr konstante Energiequelle.
- Sie kann, wie Sonnenkollektoren, direkt zur Heizung und Warmwasserbereitung genutzt werden.
- Die notwendigen Wärme-Kraft-Anlagen sind konventioneller Natur und gut erprobt.
- Die Anlagen werden von der Bevölkerung akzeptiert, weil sie oberirdisch wenig Raum einnehmen.

Nachteile:
- Man muss oft kilometertief bohren, um nutzbare Temperaturdifferenzen zu erreichen; das ist teuer und risikobehaftet.
- In Trockengebieten fehlt das Wasser zur Nutzung der Erdwärme.
- Es gibt häufig Bodenverschiebungen und kleinere Erdbeben und daher Vorbehalte in der Bevölkerung.

Kernenergie

Vorteile:
- Sie erzeugt praktisch kein CO_2 und trägt daher nicht zum Treibhauseffekt bei.
- Sie liefert kontinuierlich Strom, auch bei Windstille, Sturm und starker Bewölkung.

Nachteile:
- Das Problem der Abfallbeseitigung ist weltweit ungelöst und seine Realisierung wird sehr teuer werden.
- Die Abwärme wird größtenteils in Luft und Gewässer entsorgt. Es gibt nur selten eine Kraft-Wärme-Kopplung.

- Der Reaktorbetrieb ist aus vielen Gründen gefährlich und erfordert einen großen Sicherheitsaufwand.
- Kernkraftwerke sind teurer als Gas- oder Kohlekraftwerke gleicher Leistung.
- Die Bevölkerung ist weltweit gegen Kernkraftwerke eingestellt. Schuld daran sind unter anderem die großen Unfälle in Tschernobyl und Fukushima; außerdem die verharmlosende Argumentation der Politiker und Betreiber.
- Kernkraftwerke liefern Plutonium für Atomwaffen und tragen zu deren Verbreitung bei.

5.2 Speicherung und Transport von Energie

Weder die Erzeugung noch der Verbrauch unserer sekundären Energien – Wärmeenergie, Bewegungsenergie und elektrische Energie – sind zeitlich konstant. Zum Beispiel wird im Winter mehr Wärmeenergie gebraucht als im Sommer, am Tage mehr Bewegungsenergie als nachts und am Abend durch Beleuchtung und Fernsehen mehr elektrische Energie als morgens. Die nutzbare Sonnenstrahlung sowie Wind und Wellen hängen andererseits vom Wetter ab. Weil die Wetterschwankungen aber nicht mit denjenigen unseres Bedarfs korreliert sind, muss man die Energie irgendwie speichern, um Überfluss und Mangel auszugleichen. Bewegungsenergie lässt sich praktisch nicht speichern, außer kurzfristig in Schwungrädern, wohl aber Elektrizität und Wärme. Wir werden jetzt besprechen, wie das geht.

Speicherung von Elektrizität

Es gibt im Wesentlichen drei Möglichkeiten, elektrische Energie zu speichern (Abb. 5.2):

- in elektrischer Form in Batterien und Akkumulatoren,
- in mechanischer Form als Lageenergie in Pumpspeicherwerken (s. Abschn. 4.4) oder als Druckenergie in Druckluftspeichern
- und in stofflicher Form, zum Beispiel als Wasserstoff oder in wasserstoffhaltigen Brennstoffen (s. Abschn. 4.4).

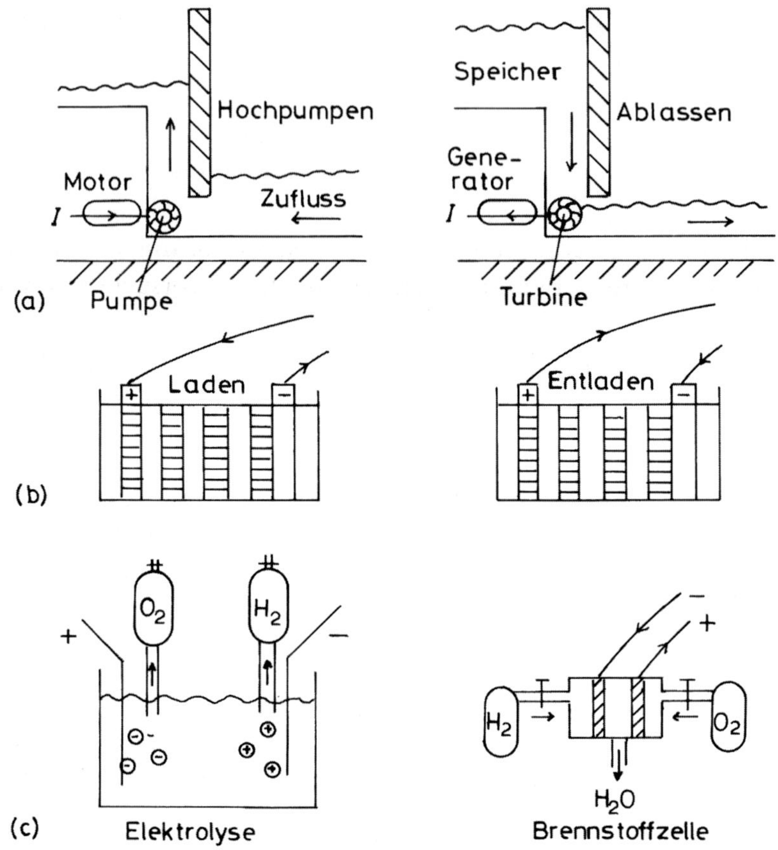

Abb. 5.2 Möglichkeiten zur Speicherung elektrischer Energie; links speichern, rechts entladen. (a) Pumpspeicherwerk, (b) Akkumulator, (c) Wasserelektrolyse.

Daneben gibt es noch Methoden zur Kurzzeitspeicherung in Schwungrädern und Kondensatorbatterien. Energiedichte, Kosten und Wirkungsgrade all dieser Verfahren sind sehr verschieden. So beträgt die speicherbare Energiedichte in Kilowattstunden pro Tonne Speichersubstanz beim Pumpspeicherwerk 0,4, beim Akkumulator 40 und beim Wasserstoff 33000. In ähnlichem Verhältnis stehen die Investitionskosten: Pumpspeicherwerk 70, Akkumulatoren 100, Wasserstoff 10000 Euro pro Kilowattstunde. Und die Wirkungsgrade betragen in derselben Reihenfolge 80%, 80% und 50%.

Das weltweit größte Pumpspeicherwerk mit 3 Gigawatt Leistung liegt in den USA in Bath County, Virginia, das größte deutsche mit 0,37 Gigawatt am Schluchsee im Schwarzwald. Insgesamt gibt es in Deutschland zurzeit 30 Pumpspeicher mit einer Leistung von 6,8 Gigawatt für 4 bis 8 Stunden. Große Akkumulatorenbatterien sind in vielen Industriebetrieben und in Kraftwerken installiert. Sie dienen dort meistens zur kurzfristigen Überbrückung von Stromschwankungen. Anlagen zur Wasserstofferzeugung befinden sich teils noch im Versuchsstadium, vor allem bei den solarthermischen Kraftwerken (s. Abschn. 4.3 und 4.4).

Eine neue Idee zur Speicherung elektrischer Energie ist die Druckluftmethode in Form des sogenannten **Meer-Ei**'s. Dabei handelt es sich um eine Hohlkugel aus Beton, die im Meer versenkt wird. Sie besitzt eine kleine Öffnung, in der sich eine Pumpturbine befindet, eine Kombination aus Turbine und Pumpe. Im tieferen Meer steht das Wasser unter hohem Druck, pro 10 Meter Tiefe rund 1 bar; in 1000 Meter Tiefe also 100 bar. Pumpt man dieses Wasser aus der vorher gefüllten Hohlkugel heraus und erzeugt damit in ihr einen Unterdruck von etwa 1 bar, so speichert man die dazu benötigte elektrische Energie in der Druckdifferenz zwischen innen und außen. Lässt man das Wasser anschließend wieder einströmen, so gewinnt man diese Energie in der Turbine wieder zurück, die dann einen Generator antreibt. Man kann mit einer Hohlkugel von 10 Meter Durchmesser und 1 Meter Wandstärke in 4000 Meter Meerestiefe etwa 5,8 Megawattstunden Energie speichern. Damit hat man eine Stunde lang eine Leistung von 5,8 Megawatt zur Verfügung, entsprechend derjenigen eines großen Windrads. Das Meer-Ei eignet sich natürlich besonders zur Energiespeicherung in Offshore-Windparks. Da jedoch die Speicherkapazität proportional zum Druck und damit zur Meerestiefe ist, sollte diese möglichst groß sein, mindestens 1000 Meter. Die Windräder müssen dann schwimmend montiert werden, was heute schon versuchsweise realisiert wird. Auch in Kavernen im Festland kann man Druckluft speichern, zum Beispiel in ausgebeuteten Bergwerken oder Öllagerstätten. Ob das wesentlich billiger ist als im Meer, das ist noch nicht entschieden.

Die bedarfsorientierte Speicherung elektrischer Energie ist zurzeit eines der größten Probleme der Energiewende. Wie schon im Abschnitt 4.4

erwähnt, schwankt die Leistung von Windrädern im Verlauf der Zeit zwischen null und hundert Prozent, je nach Windstärke. Ähnliches gilt für den Strom aus photovoltaischen Solarzellen je nach Sonnenstrahlung. In Deutschland sind zurzeit Windräder für etwa 33 Gigawatt Maximalleistung installiert und Solarzellen für 32 Gigawatt. Bei Vollast würden beide zusammen fast den gesamten deutschen Strombedarf von 70 Gigawatt bereitstellen. Wegen der zeitlichen Schwankungen von Wind und Sonnenstrahlung sind aber im Mittel nur 10 bis 20% der Maximalleistung verfügbar. Um die Schwankungen auszugleichen, braucht man daher dringend Speicheranlagen für elektrische Energie.

Speicherung von Wärme

Auch die Wärme lässt sich hauptsächlich auf drei verschiedene Arten speichern:

- In sogenannten **sensiblen Speichern**, in denen die Temperatur einer größeren Masse Materie durch Heizen erhöht wird (Wasser, Sand, Gestein usw.). Später kann man die gespeicherte Energie dann mit einer Wärmepumpe oder durch direkte Wärmeleitung wieder aus dem Speicher herausziehen. Solche Speicher können bis zu 100 Kilowattstunden pro Kubikmeter Material absorbieren. Mit 100 Kilowattstunden kann man zum Beispiel ein Bügeleisen 100 Stunden lang benutzen oder eine 20-Watt-Energiesparlampe 5000 Stunden (die Hälfte ihrer nominellen Lebensdauer).
- In **Latentwärmespeichern** kann man die Wärmeenergie zum Schmelzen oder Verdampfen eines Stoffes nutzen (sogenannte latente Wärme). Bringt man den Stoff dann wieder in eine kühlere Umgebung oder entzieht ihm Energie mit einer Wärmepumpe, so wird er wieder fest oder kondensiert. Dabei wird die Schmelz- bzw. Verdampfungswärme wieder frei und kann genutzt werden. Beispielsweise lässt sich durch Schmelzen von Eis soviel Energie speichern, wie beim Erwärmen von Wasser von 0 °C auf 80 °C gebraucht wird, etwa 100 Kilowattstunden pro Kubikmeter. Paraffin mit einer Schmelztemperatur von 6 °C speichert bei Verflüssigung rund 65 Kilowattstunden pro Kubikmeter.

- In **thermochemischen Wärmespeichern** wird die Wärmeenergie mit Hilfe (endothermischer oder exothermischer) chemischer Reaktionen festgehalten oder auch durch Adsorption und Desorption von Gasen oder Flüssigkeiten. Hierfür verwendete Substanzen sind zum Beispiel Silikagele oder Zeolithe, das sind feinkörnige Stoffe mit sehr großer innerer Oberfläche (ca. $5000\,m^2/g$). Außerdem kann man Metallhydride oder -oxide verwenden, die bei höherer Temperatur mit Sauerstoff oder mit Wasser reagieren. Damit lassen sich 200 bis 300 Kilowattstunden pro Kubikmeter speichern, deutlich mehr als in den sensiblen und Latentwärme-Speichern.

Transport sekundärer Energieformen

Unsere nutzbaren Sekundärenergien – Wärme, Bewegung und Elektrizität – müssen nicht nur erzeugt und gespeichert, sondern auch vom Erzeuger zum Verbraucher transportiert werden. **Mechanische Energie** lässt sich überhaupt nicht über längere Strecken übertragen. Denn sie ist an feste materielle Verbindungen gekoppelt, zum Beispiel an Zahnradgetriebe oder Transmission mittels Ketten oder Riemen. Man könnte höchstens daran denken, ein rotierendes Schwungrad zu transportieren oder Druckwellen durch eine Flüssigkeit wandern zu lassen. Aber dies sind sehr uneffektive Methoden, weil man so nur sehr kleine Leistungen über längere Strecken bewegen kann.

Etwas besser sieht es mit dem Transport von **Wärmeenergie** aus. Wir kennen das von den Fernheizungsnetzen. Heißes Wasser lässt sich durch gut isolierte Rohrleitungen bis zu 50 km weit transportieren. Der Energieverlust durch Wärmeleitung liegt dann bei etwa 1 % pro Kilometer. Noch besser ginge es mit vakuumisolierten Leitungen, aber die sind teuer. Und zur Aufrechterhaltung des Vakuums durch Pumpen würde ein Teil der zu übertragenden Energie verbraucht. In größerem Umfang wird Fernheizung heute schon im Rahmen der Kraft-Wärme-Kopplung in Städten angeboten (s. Abb. 4.7). Die Fernheizung ist im Allgemeinen billiger als diejenige mittels Wärmepumpen oder direkte Elektroheizung.

Am einfachsten zu transportieren ist natürlich die **elektrische Energie**. Elektrische Leitungen sind in unserer Umwelt allgegenwärtig.

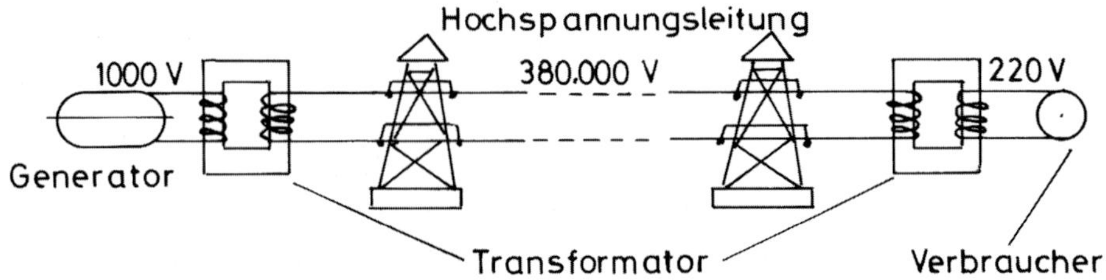

Abb. 5.3 Transport elektrischer Energie durch Wechselstrom vom Erzeuger (Generator) zum Verbraucher.

In der Schule haben wir gelernt, dass es Gleichstrom und Wechselstrom gibt, und dass der Letztere vorteilhaft ist, weil er sich transformieren lässt und dann mit weniger Verlusten transportiert werden kann als Gleichstrom. Für den Transport muss man die Ströme auf eine möglichst hohe Spannung (U) bringen, um große Leistungen ($L = UI$) mit möglichst kleiner Stromstärke (I) durch eine Leitung zu schicken. Die Leitungsverluste wachsen nämlich mit der Stromstärke. Bei der Erzeugung und beim Verbrauch hat man es jedoch im Allgemeinen mit niedrigen Spannungen und höheren Strömen zu tun. Man muss die elektrische Energie also zweimal umwandeln, vor und nach dem Transport. Diese zweifache Umwandlung von Spannung und Stromstärke geschieht am einfachsten in Transformatoren (Abb. 5.3), und das geht nur mit Wechselstrom. Gleichstrom lässt sich nicht transformieren.

Dafür hat Gleichstrom andere Vorteile: Er lässt sich nämlich über genügend weite Strecken mit weniger Verlusten transportieren als Wechselstrom, aus folgendem Grund: Beide Stromsorten verlieren beim Durchgang durch einen Leiter einen Teil ihrer Energie. Bei einer Wechselstromleitung mit 380 Kilovolt Spannung sind das etwa 2 % pro 100 km, bei einer gleichlangen Gleichstromleitung aber nur 0,6 %. Die Ohmschen Verluste sind bei beiden Stromarten gleich. Der größere Widerstand und die höheren Verluste des Wechselstroms kommen daher, dass bei ihm sogenannte Blindleistungs-Verluste auftreten, die es bei Gleichstrom nicht gibt. Sie entstehen, weil sich bei Wechselstrom die Phasen von Strom und Spannung gegeneinander verschieben, wenn das Magnetfeld des Stromes bei jedem Richtungswechsel (100-mal in der Sekunde) auf- und wieder abgebaut wird. Bei Erd- oder Seekabeln, bei denen die Leiter gegeneinander massiv isoliert sein müssen, entsteht für Wechselstrom durch die kapazitive Kopplung der Leiter sogar ein Blindverlust bis zu 30 % pro 100 km.

Das Ergebnis dieser Vor- und Nachteile für die beiden Arten von Stromtransport lautet: Einerseits ist für lange Strecken, 500 km und mehr, Gleichstrom-Hochspannung vorzuziehen. Das ist unter anderem wichtig für den Stromtransport von Solaranlagen aus Wüstengebieten nach Europa oder in andere dicht bevölkerte Gegenden. Aber auch schon innerhalb Deutschlands kommen Gleichstromleitungen in Betracht, so von den Windparks in der Nord- und Ostsee nach Süddeutschland. Das Gleiche gilt für Seekabel, von denen es zahlreiche Leitungen durch die Nord- und Ostsee gibt. Andererseits geschieht die Erzeugung des Stroms in den Generatoren der Kraftwerke und sein Verbrauch in Elektromotoren, Kommunikationsanlagen usw. fast immer als Wechselstrom, nämlich wegen seiner Transformierbarkeit. Will man aber Gleichstrom transportieren, so muss man den erzeugten Wechselstrom vorher gleichrichten und nachher wieder in Wechselstrom umwandeln (»zerhacken«). Die Gleichrichter und Zerhacker für hohe Spannungen sind jedoch teuer und anspruchsvoll im Betrieb. Aus diesen Gründen lohnt sich der Gleichstromtransport nur über weite Strecken, von etwa 500 km aufwärts.

Hierzu noch einige Zahlen: Typische Strombelastungen für Hochspannungsleitungen betragen etwa 2000 Ampere. Das ergibt bei 380 Kilovolt Spannung eine Leistung von 760 Megawatt und einen Ohmschen Verlust von 8 Megawatt pro 100 km. Eine sehr hohe Übertragungsspannung von 1150 Kilovolt wurde bei einer 2400 km langen Gleichstromleitung in Sibirien realisiert. In China wurde eine ähnliche Leitung von 1500 km Länge mit einer Leistung von 5 Gigawatt bei einer Spannung von 1600 Kilovolt zwischen den Provinzen Guandong und Yunnan errichtet. Standard ist aber allgemein 220 oder 380 Kilovolt. Bei höheren Spannungen wird nämlich an Spitzen und Knicken an den Leitungen die Durchschlagsfeldstärke der Luft überschritten. Das führt zu ungewollten Entladungen und Stromverlusten, die man als Knistern an den Hochspannungsleitungen hören kann. Man muss die Leitungen dann so konstruieren, dass stärkere Krümmungen vermieden werden, vor allem an den Aufhängepunkten an den Strommasten. Aus dem gleichen Grund verwendet man anstelle eines einzelnen Drahtes zum Beispiel vier solche in einigen Zentimeter Abstand voneinander. Diese bilden durch ihre quadratische Anordnung eine pauschal größere Oberfläche und damit eine kleinere Feldstärke an derselben.

Ein besonderes Problem beim Stromtransport ist die **Stabilität der Stromnetze**. Bis vor wenigen Jahren wurde der Strom in Deutschland in weniger als 100 großen Kraftwerken erzeugt. Seit der Installation vieler Windkraft- und Solarzellen-Anlagen ist die Zahl der Erzeuger auf 1,3 Millionen gestiegen. Der weit überwiegende Anteil davon speist Strom in die Leitungsnetze ein. Dabei muss gewährleistet sein, dass die mit der Frequenz von 50 Hertz erzeugten Ströme alle mit derselben richtigen Phase in die Netze gelangen. Wenn das nicht der Fall ist, dann heben sich die Ströme teilweise gegenseitig auf. Auch muss man dafür sorgen, dass die Leitungsnetze möglichst gleichmäßig ausgelastet werden; dass nicht an einigen Stellen ein Stromüberfluss entsteht und an anderen ein Strommangel. Diese Probleme hat man bis heute noch nicht so recht im Griff. Aber es wird an vielen Stellen daran gearbeitet und der erreichte Stand ist ermutigend.

Zusammenfassung

Wir haben die ganze Skala der Wirkungsgrade von verschiedenen Energiewandlern betrachtet und wir haben die Potenziale sowie die Vor- und Nachteile der verschiedenen alternativen Energieformen diskutiert. Anschließend wurden Speicherung und Transport der sekundären Energieformen besprochen, Bewegung, Wärme und Elektrizität.

Kapitel 6
Energieumwandlung in der belebten Natur

Lebewesen existieren, weil sie sich selbst reproduzieren können und weil sie einen aktiven Stoffwechsel haben. An diesen Lebensprozessen sind eine große Zahl verschiedenster Energieumwandlungen beteiligt. Wir wollen im Folgenden zwei davon näher betrachten, die Photosynthese und die Muskelbewegung. In diesem Kapitel wird es etwas chemisch. Wer aber in der Schule gern Chemie gelernt hat, den wird das nicht stören.

Die Photosynthese in grünen Pflanzen wandelt Sonnenstrahlung mit Hilfe von Wasser und Kohlendioxid in Zucker und Stärke um. Das sind die wichtigsten Kohlehydrate, die Pflanzen und Tiere zum Leben brauchen, denn sie sind Energiespeicher und Energiespender. Bei der Photosynthese entsteht als Nebenprodukt Sauerstoff für unsere Atmung. Ohne die Photosynthese der Pflanzen könnten wir nicht existieren; wir würden ersticken und verhungern. Aller Sauerstoff, der sich in unserer Atmosphäre befindet, wurde in den vergangenen drei Milliarden Jahren von grünen Pflanzen hergestellt. Die Photosynthese ist somit der wichtigste Energieumwandlungsprozess in der belebten Natur. Man muss ihn unbedingt kennenlernen. Heute werden Hunderte von Millionen Dollar dafür verwendet, auf technischem Wege aus Wasser, Licht und Kohlendioxid Kohlenwasserstoffe herzustellen, die dann als Brennstoffe gebraucht werden können.

Wenn wir nun atmen und uns ernähren können, wollen wir uns auch bewegen. Dazu sind unsere Muskeln da. Sie wandeln die chemische Energie von Biomolekülen in Bewegungsenergie um. Das tun sowohl die autonomen, nicht unserem Willen unterworfenen Muskeln in Herz, Lunge, Darm, Blutgefäßen usw. als auch die willkürlich benutzbaren Muskeln an unserem Skelett. Der Mechanismus dieser Muskelbewegungen ist heute sehr gut verstanden. Die Energiequelle dafür ist das Molekül Adenosin-triphosphat (ATP). Und der Energiewandler besteht aus einem raffinierten Geflecht von Makromolekülen, deren einzelne Teile

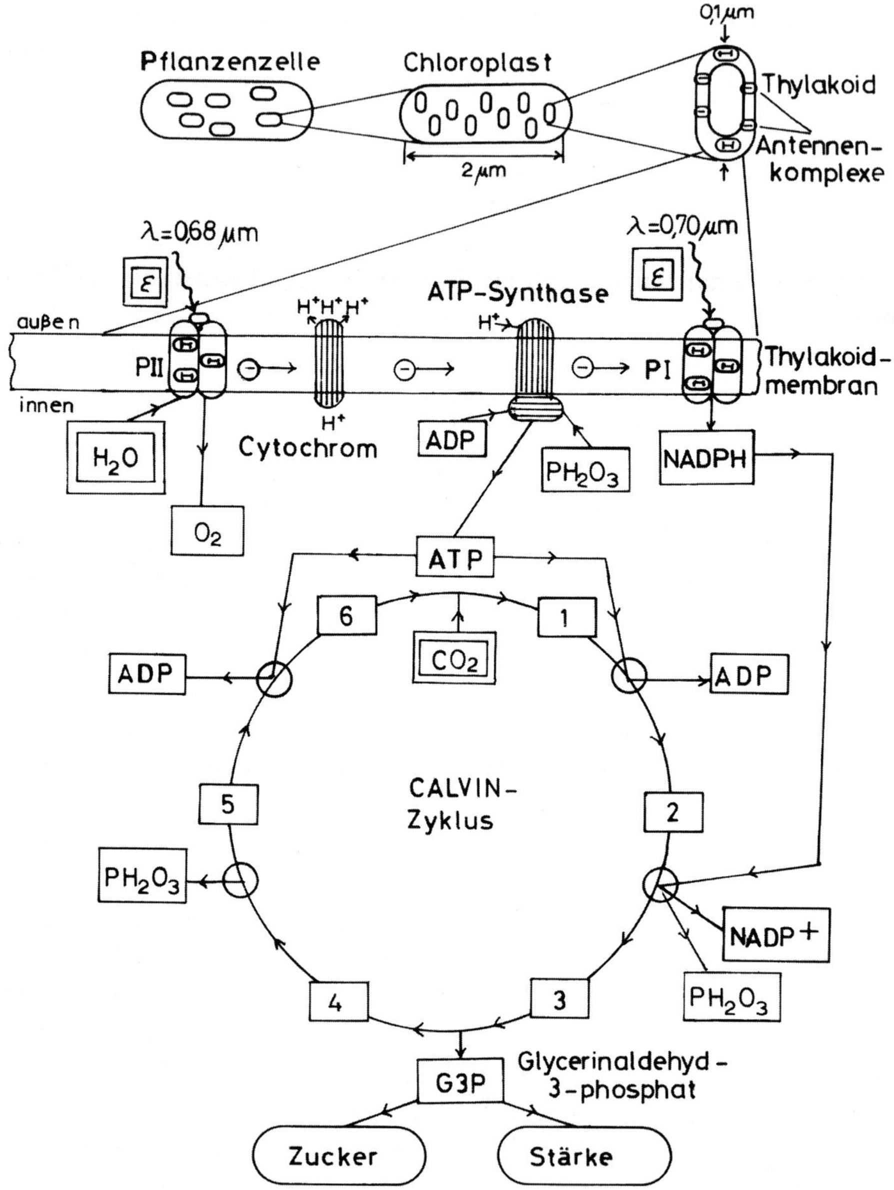

Abb. 6.1 Überblick über die Photosynthese. Die sechs Enzyme des Calvin-Zyklus sind: 1: 6 Moleküle 3-Phosphorglycerat, 2: 6 Moleküle 1,3-Diphosphorglycerat, 3: 6 Moleküle Glycerinaldehyd-3-phosphat, 4: 5 Moleküle Glycerinaldehyd-3-phosphat, 5: 3 Moleküle Ribulose-5-phosphat, 6: 3 Moleküle Ribulose-1,5-biphosphat. Ausgangsstoffe sind doppelt umrandet, Produkte einfach; PI, II: Photosystem I, II. ⊖ Elektronen, H^+ Protonen.

durch chemische Prozesse bewegt werden können. Die Funktion dieser Molekülstruktur sollte man nicht nur kennen, wenn man Sport treibt, sondern auch, wenn man sich nur normal bewegt.

6.1 Photosynthese

Die grünen Pflanzen können aus Wasser (H_2O), Kohlendioxid (CO_2) und Lichtenergie (ε) Kohlehydrate ($C_xH_yO_z$) herstellen. Das sind hauptsächlich Stärke und verschiedene Zuckerarten. Die Bruttoreaktion für den Zucker Glukose lautet:

$$6\,H_2O + 6\,CO_2 + \varepsilon \rightarrow C_6H_{12}O_6 + 6\,O_2. \qquad (6.1)$$

Dabei ist $\varepsilon = 4{,}78 \cdot 10^{-18}$ Joule die Energie zweier Lichtquanten (Photonen) des roten Anteils des Sonnenlichts und zusätzlich etwas biochemische Reaktionsenergie. Dieser Prozess ist die Existenzgrundlage für fast alle Arten des Lebens. Es gibt allerdings auch einige Algen- und Bakterienarten, die ohne Sauerstoff und ohne Kohlehydrate auskommen. Diese wollen wir hier nicht besprechen.

Wir werden nun genauer untersuchen, wie die grünen Pflanzen das Kunststück der Photosynthese fertig bringen. Das heißt, wir wollen verstehen, wie der hierfür zuständige Energiewandler funktioniert. Dabei wird deutlich werden, dass wir, im Gegensatz zur Technik, die detaillierte Konstruktion des Wandlers sowie einige seiner Funktionen noch nicht in allen Einzelheiten kennen. Er besteht nämlich aus etwa hundert verschiedenen Molekülen, die ihrerseits aus Tausenden von Atomen zusammengesetzt sind. Die Abbildung 6.1 zeigt einen Überblick über die Bestandteile des Wandlers und über seine Gesamtfunktion. Diese erstreckt sich von der Zelle einer Pflanze bis hin zu den Produkten Zucker und Stärke. Wie wir sehen, besteht die Photosynthese aus einer großen Zahl von Teilreaktionen, die heute zum größten Teil verstanden sind. Die Strukturen der wichtigsten beteiligten Moleküle sind für den Liebhaber der Chemie in Abbildung 6.2 dargestellt.

Nun zu den Einzelheiten: In Abbildung 6.1 sehen wir links oben die **Zelle** einer **grünen Pflanze**. In ihr sind zwischen 10 bis 100 kleine

Zellorganellen enthalten, die Chloroplasten. Diese beinhalten jeder wieder zwischen 10 und 100 Thylakoide. Das sind etwa 1/10 Mikrometer (0,0001 mm) große beutelförmige Gebilde. Deren Wand, die Thylakoidmembran, enthält sogenannte Lichtsammelkomplexe bzw. Antennenkomplexe, die je aus etwa 15 bis 20 **Chlorophyll-Molekülen** bestehen. Dies sind die Vorrichtungen zur Absorption von Sonnenstrahlung. Wir sind nun auf der molekularen Ebene angelangt bei der Größenordnung von einem Nanometer, das ist ein Millionstel Millimeter. In der Mitte von Abbildung 6.1 ist die Thylakoidmembran schematisch skizziert. In ihr befinden sich zwei Photosysteme, bestehend aus je mehreren Lichtsammelkomplexen. Das Photosystem I absorbiert Lichtquanten (ε) von 0,70 Mikrometer Wellenlänge (λ), Photosystem II solche von 0,68 Mikrometer (s. Abb. 2.4). Vom System II fließen Elektronen entlang der Membran durch einen Cytochrom-Molekül-Komplex. Dieser pumpt Protonen (H^+) durch die Membran, sodass ein Protonengradient entsteht; außen eine höhere Protonendichte als innen. Die Elektronen fließen dann weiter zum Photosystem I und induzieren dort die Produktion des Moleküls **NADPH** (Nicotinamid-adenin-dinucleotidphosphat). Der vom Cytochrom erzeugte Protonengradient wird durch das Enzym **ATP-Synthase** wieder abgebaut, indem es Protonen durch die Membran von außen nach innen verschiebt. Dabei rotiert der intramembrane Schaft des Enzyms um seine Achse und transportiert die Protonen zum extramembranen Kopf desselben. Dort bewirken je vier Protonen die Anlagerung einer Phosphatgruppe (PH_2O_3) an ein **ADP-Molekül** (Adenosin-diphosphat) und es entsteht das energiereichere **ATP** (Adenosin-triphosphat), etwa 100 Moleküle pro Sekunde. Die beiden Enzyme ATP und NADPH dienen nun dazu, im sogenannten **Calvin-Zyklus** aus Kohlendioxid das Molekül G3P (Glycerinaldehyd-3-phosphat) herzustellen. Der Zyklus ist nach seinem Entdecker Malvin Calvin benannt, der dafür 1961 den Nobelpreis bekam. Die beiden Enzyme werden dabei verbraucht, das heißt, in andere Moleküle umgewandelt, ATP in ADP und NADPH in $NADP^+$. Aus dem Endprodukt G3P des Calvin-Zyklus wird im Prozess der **Glukoneogenese** mit Hilfe von fünf weiteren Enzymen schließlich Saccharose hergestellt, der Hauptbestandteil des in Pflanzen gespeicherten Zuckers. Außerdem entsteht in ähnlicher Weise die pflanzliche Stärke, ein Makromolekül, bestehend aus einigen tausend kettenförmig aneinander gebundenen Glukose-Einheiten. Abbildung 6.2 zeigt die Strukturen der wichtigsten hier genannten Moleküle. Sie bilden zusammengenommen einen wirklich sehr komplexen Energiewandler! (Die ATP-Synthase ist nicht dargestellt, denn sie besteht aus etwa 100 000 Atomen.) Zusammenfassend stellen wir fest: Der in Abbildung 6.1 dargestellte Umwandlungsprozess in den Pflanzen erzeugt aus Sonnenlicht, Wasser und Kohlendioxid die Produkte Sauerstoff, Zucker und Stärke, das Wichtigste, was Tiere und Menschen zum Leben brauchen. Die Gleichung (6.1) beschreibt diesen Prozess, wie wir gesehen haben, nur in extremer Verkürzung.

Übrigens spielen die Enzyme ATP und NADPH nicht nur bei der Photosynthese eine Rolle. ATP liefert Energie zum Transport von kleinen Molekülen durch Membrane innerhalb der Zellen und durch deren Wände. ATP liefert ferner Energie zur Kontraktion von Muskeln, was wir im nächsten Abschnitt besprechen. Schließlich liefert ATP auch die Energie zur Erregung und zum Impulstransport in Nervenzellen. Die Energie steckt beim ATP in der endständigen Phosphatgruppe H_2PO_3 (s. Abb. 6.2d). Wird diese abgespalten, so geht ATP in ADP über und es werden 32 Kilojoule Bindungsenergie pro Mol frei (1 Mol sind $6{,}02 \cdot 10^{23}$ Moleküle). Das zweite an der Photosynthese beteiligte Enzym, NADPH, ist ebenfalls ein Energielieferant für viele verschiedene biochemische Redoxreaktionen (Redox heißt: Reduktion einer Substanz und Oxidation einer anderen). Die Energie steckt hier in der Bindung eines leicht abspaltbaren Wasserstoffions am Nicotinamid-Ring (s. Abb. 6.2a, oben) und ist von der Größenordnung 25 Kilojoule pro Mol.

Der Wirkungsgrad der Photosynthese ist definiert als das Verhältnis von chemischer Energie der entstandenen Kohlehydrate zur absorbierten Lichtenergie

$$\eta = \frac{E_{\text{chem}}}{E_{\text{licht}}}. \tag{6.2}$$

Eine detaillierte Rechnung, die wir hier nicht nachvollziehen können, ergibt etwa 20 %. Weil aber ein großer Teil der erzeugten Kohlehydrate von der Pflanze selbst gebraucht wird, um ihren Metabolismus aufrecht zu erhalten, sinkt der Nettowirkungsgrad auf maximal 2 %.

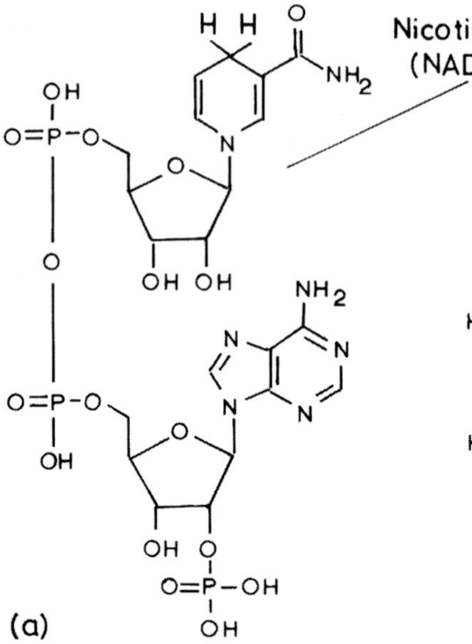

Nicotinamid-adenin-dinucleotid-phosphat
(NADPH, $C_{21}H_{29}N_7O_{17}P_3$)

(a)

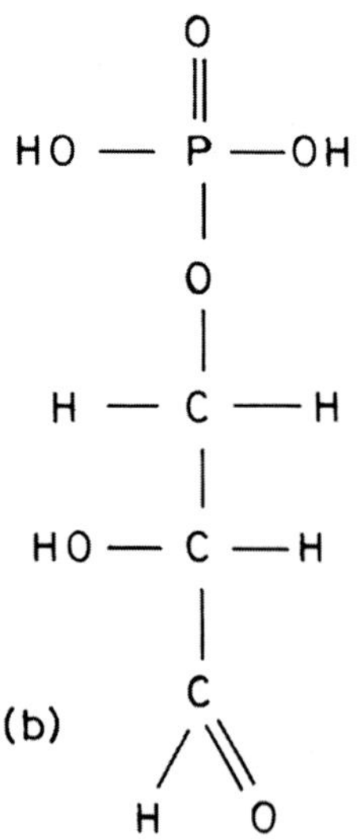

(b)

Glycerinaldehyd-3-phosphat
(G3P, $C_3H_7O_6P$)

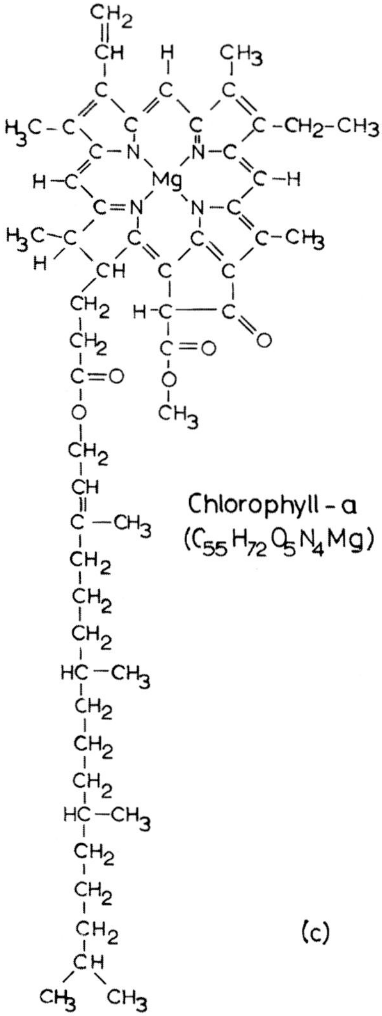

Chlorophyll-a
($C_{55}H_{72}O_5N_4Mg$)

(c)

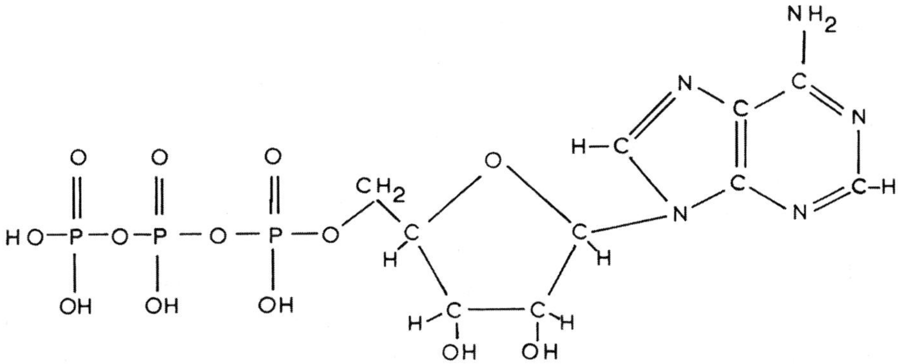

(d) Adenosin-triphosphat (ATP, $C_{10}H_{16}N_5O_{13}P_3$)

Saccharose
($C_{12}H_{22}O_{11}$)

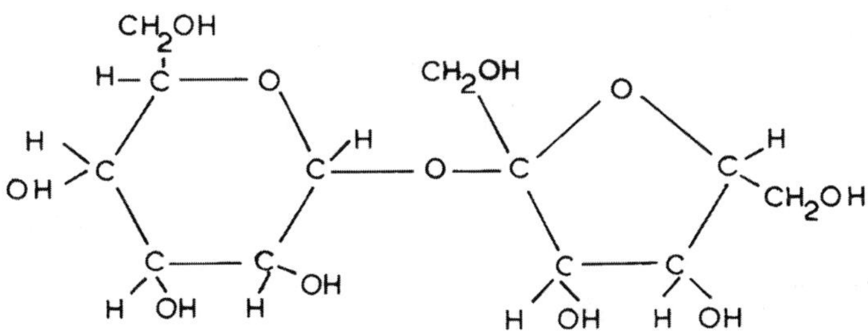

(e) Glucose Fructose

Stärke
$(C_6H_{10}O_5)_n$

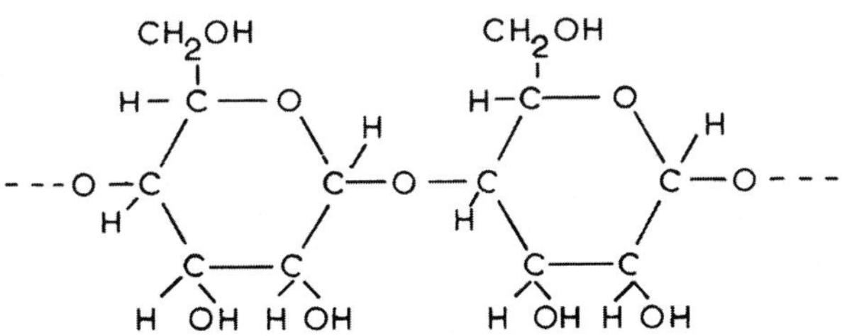

(f) Glucose Glucose

Abb. 6.2 Die wichtigsten an der Photosynthese beteiligten Biomoleküle: (a) NADPH, (b) G3P, (c) Chlorophyll a, (d) ATP, (e) Saccharose (Pflanzenzucker), (f) Stärke ($n \approx 1000$).

Hier sind noch einige Zahlen zum Energieumsatz der Photosynthese interessant: Eine hundertjährige Buche enthält etwa 200000 Blätter mit zusammen 1200 m^2 Oberfläche und mit 180 g Chlorophyll in 100 Billionen Chloroplasten. Sie verarbeitet an einem Sonnentag 9,4 m^3 CO_2 und erzeugt dabei 9,4 m^3 O_2 und 12 kg Kohlehydrate. Weltweit werden auf der Erde jährlich 100 bis 200 Milliarden Tonnen Kohlenstoff aus dem CO_2 der Luft in Pflanzen gespeichert. Dazu werden von der insgesamt eingestrahlten Sonnenenergie zwar nur 0,027 % verwendet (nach anderen Schätzungen bis zu 0,08 %, s. Abb. 2.5). Das sind aber nach Abbildung 2.1 immerhin 45 000 Gigawatt, zweieinhalbmal soviel wie der gesamte Primärenergieumsatz der Menschheit (s. Abb. 1.3). Außerdem werden bei der Photosynthese pro Jahr etwa 1875 km^3 Wasser umgesetzt. Der dabei erzeugte Sauerstoff existiert in unserer Atmosphäre, wie schon erwähnt, erst seit etwa 3 Milliarden Jahren. Vorher bestand sie fast nur aus Stickstoff, Wasserdampf und Spurengasen, darunter etwas CO_2, womit die ersten grünen Pflanzen anfangen mussten. Erst seit dieser Zeit gibt es auch eine Ozonschicht in unserer Atmosphäre in 15 bis 25 km Höhe. Sie besteht aus dem Sauerstoffmolekül O_3 und absorbiert die lebensfeindliche UV-Strahlung der Sonne. Erst die Ozonschicht ermöglichte das Leben auf dem Land, vorher war es aufs Wasser beschränkt. Würden wir die Ozonschicht durch chemische Abfallstoffe massiv schädigen oder zerstören, wie es durch Fluor-Chlor-Kohlenwasserstoffe zum Teil schon geschehen ist, so könnte die Photosynthese der Landpflanzen durch starke UV-Strahlung beeinträchtigt werden. Dann würde eventuell auch die Sauerstoffproduktion zurückgehen und sowohl zur Atmung wie zur Aufrechterhaltung der Ozonschicht wäre zu wenig davon da. Das wäre ein Teufelskreis.

6.2 Muskelkraft und Muskelarbeit

Der zweite biologische Energiewandler, den wir besprechen wollen, ist ein menschlicher Muskel. Er wandelt chemische Energie von Biomolekülen in Bewegungsenergie um, in die Expansion und Kontraktion des Muskels. Der Prozess ist in den Abbildungen 6.3 und 6.5 beschrieben. Wir wollen ihn anhand dieser Darstellungen besprechen.

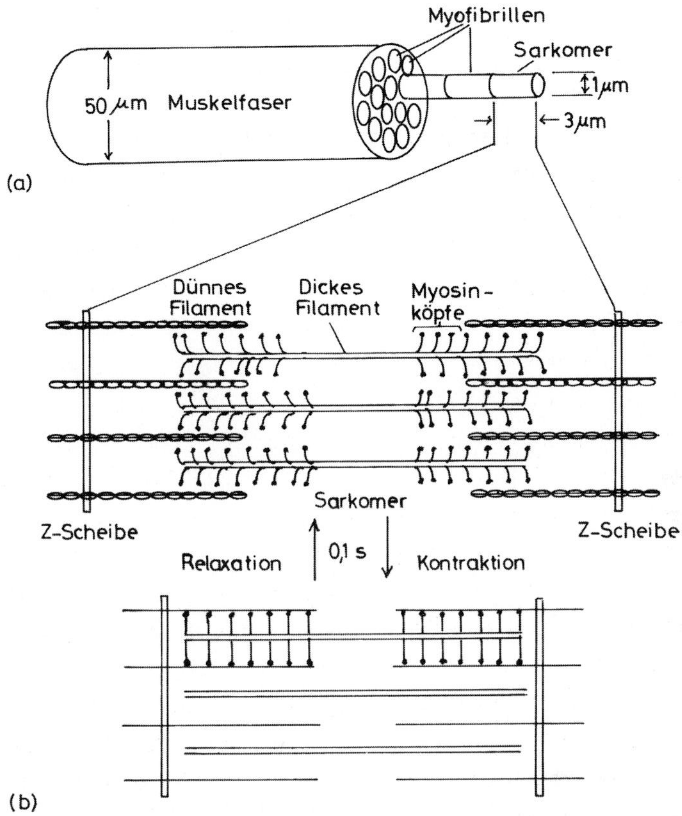

Abb. 6.3 Zum Mechanismus der Muskelkontraktion. (a) Muskelfaser mit Myofibrillen und Sarkomeren. (b) Sarkomer im relaxierten und kontrahierten Zustand. In jedem Sarkomer sind etwa 100 dünne und dicke Filamente über- und nebeneinander gestapelt.

Unsere Muskeln bestehen aus vielen parallel liegenden Muskelfasern von etwa 0,05 mm Dicke und mit Längen zwischen 1 mm und bis zu 30 cm. Jede Faser besteht wieder aus vielen, noch dünneren Fäden, sogenannten **Myofibrillen,** die 1 Mikrometer (1 tausendstel Millimeter) dick sind. Diese Myofibrillen sind in Längsrichtung in 3 Mikrometer dicke Scheiben unterteilt, die **Sarkomere** heißen (Abb. 6.3a). In jedem Sarkomer sind in Längsrichtung zwei Arten von **Filamenten** abwechselnd ineinander gestapelt (Abb. 6.3b). Sie bestehen aus langen Strängen von umeinander gewickelten Molekülen, die etwa 10 bis 20 Nanometer

Abb. 6.4 Struktur von 13 polymerisierten Aktin-Molekülen (a) und von der Kopfregion eines Myosin-Moleküls (b). Die genaue Anordnung der etwa 1000 Atome in (a) bzw. 10.000 in (b) ist nicht bekannt; nur teilweise die Lage einzelner Aminosäuren und die ungefähre Form der Moleküle (Fotos: Thomas Splettstoesser bzw. David S. Goodsell).

dick sind. Die dünnen Filamente bestehen aus **Aktin-Molekülen,** die dicken aus **Myosin-Molekülen.** Die ungefähre Struktur derselben ist in Abbildung 6.4 dargestellt. Aktin ist ein unsymmetrisches hantelförmiges Protein mit einem Molekulargewicht von 42 000 (entsprechend der Masse von 42 000 Wasserstoffatomen) und einer Länge von ca. 5 Nanometer. Die genaue räumliche Anordnung aller dieser Atome ist bis heute nicht bekannt. Ein dünnes Filament ist aus 100 bis 200 solchen polymerisierten Aktin-Molekülen zusammengesetzt. Das Myosin-Molekül andererseits besteht aus zwei umeinander gewundenen Polypeptid-Ketten mit je 2000 Aminosäure-Resten und einem Molekulargewicht von 54 000. Es ist ca. 150 Nanometer lang und 2 Nanometer dick und hat an einem Ende zwei flexible Köpfe von etwa 20 Nanometer Länge. Ein dickes Filament besteht aus etwa 250 umeinander gewundenen Myosin-Molekülen, deren Köpfe aus dem Strang seitlich herausragen (Abb. 6.3b). Diese Köpfe leisten die eigentliche Muskelarbeit, wie wir jetzt sehen werden.

In Abbildung 6.5 ist dargestellt, wie sich die dicken und dünnen Filamente eines Sarkomers in Längsrichtung gegeneinander verschieben. Dabei verkürzt oder verlängert sich der Muskel, je nachdem, in welcher Richtung das geht, und wie es in Abbildung 6.3b skizziert ist. Die Kraft für diese Bewegung geht von den aus den dicken Filamenten seitlich herausragenden Myosin-Köpfen aus. Jedes dicke Filament hat etwa 300 solche Köpfe. Diese können an die dünnen Filamente andocken und dann kippen, wie es in der Abbildung gezeigt ist. Die Verbindung zwischen Myosin-Kopf und Aktin-Molekülen wird durch die Enzyme ATP und ADP gesteuert (s. Abb. 6.2). Soll der Muskel sich zusammenziehen, so geht vom Gehirn ein Nervenimpuls zur Myofibrille. Dieser erhöht dort innerhalb einer Millisekunde sprunghaft die Konzentration von Calzium-Ionen (Ca^{2+}). Hierdurch wird im dünnen Filament eine Konformationsänderung erzeugt, die es erlaubt, dass sich der Myosin-Kopf dort anlagern kann. Gleichzeitig wird das an diesem im Ruhezustand befindliche ATP-Molekül in ADP und Phosphat gespalten. Dadurch verändert der Myosin-Kopf seine Neigung relativ zur Längsrichtung der Filamente (Winkel $\alpha \rightarrow \beta$). Als Folge davon trennt sich das Phosphat-Molekül P_i vom Myosin-Kopf und dieser verbindet sich mit dem Aktin-Filament (c). Anschließend trennt sich auch das ADP-Molekül vom Myosin-Kopf und dadurch knickt er wieder in die ursprüngliche Neigung (Winkel α) relativ zur Längsrichtung (d). Dies ist der entscheidende Vorgang, *der Kraftstoß*, und dabei schiebt sich das dicke Myosin-Filament um die Breite eines Aktin-Moleküls weiter nach rechts. Der Muskel hat sich dadurch um etwa 5 Nanometer verkürzt. Anschließend lagert sich wieder ATP an die Myosin-Köpfe und diese werden dadurch vom dünnen Aktin-Filament getrennt. Wir haben dann wieder den Ruhezustand (a).

Der ganze Vorgang wiederholt sich etwa fünfmal pro Sekunde, und zwar in allen, vom Nervenimpuls aktivierten Sarkomeren und Myofibrillen praktisch gleichzeitig. Das führt zu einer Längenänderung des Muskels in der Größenordnung von Millimeter bis Zentimeter pro Sekunde. Eine gesunde Muskelfaser kann eine Kraft von 40 Newton

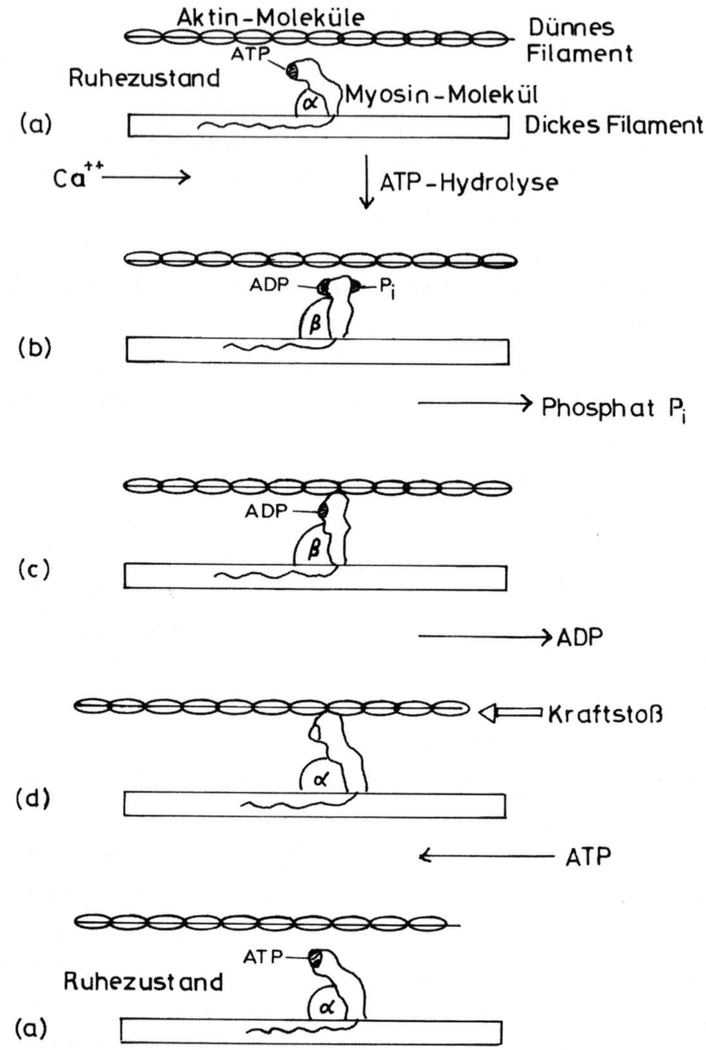

Abb. 6.5 Mechanismus der Muskelkontraktion in molekularem Maßstab; Erläuterungen im Text. Der Winkel β ist größer als der Winkel α.

pro Quadratzentimeter Querschnittsfläche aufbringen. Das entspricht dem Halten eines Gewichts von 4 Kilogramm. Im Ruhezustand sind die Muskeln sogar mit 10 Kilogramm pro Quadratzentimeter belastbar, ohne zu reißen.

ATP-Bilanz

Wie erläutert, ist zur Kontraktion eines Muskels das Molekül ATP notwendig. Es wird dabei in ADP und Phosphat gespalten, das heißt, es wird verbraucht. In einer Muskelfaser sind im Ruhezustand etwa 6 Millimol ATP pro Kilogramm Muskelmasse vorhanden (ca. $36 \cdot 10^{20}$ Moleküle bzw. 3,1 Gramm). Diese werden bei der Kontraktion innerhalb von 3 Sekunden verbraucht. Sie müssen also dauernd nachgeliefert werden, wenn der Muskel halten oder sich weiter bewegen soll. Die Nachlieferung besorgen im Wesentlichen die **Mitochondrien**. Das sind Zellbestandteile, in denen ein ähnlicher Prozess abläuft wie in der Thylakoidmembran der Pflanzen (s. Abb. 6.1). Dabei erzeugt eine Kette verschiedener Enzyme einen Protonengradienten an der inneren Membran des Mitochondriums. Dieser dient dann der ATP-Synthase zur Umwandlung von ADP und einer Phosphatgruppe in ATP. In unserem Körper werden pro Tag etwa die Hälfte unseres eigenen Gewichts an ATP-Molekülen gebildet und wieder verbraucht, etwa 30 bis 40 Kilogramm! Allerdings wird diese Menge nicht nur für die Bewegung der Skelettmuskeln gebraucht, sondern auch für die vielen autonomen Muskeln in Herz, Lunge, Darm sowie für eine ganze Reihe anderer biochemischer Prozesse. Wie schon im Abschnitt 6.1 erwähnt, werden bei der Spaltung von ATP in ADP und Phosphat 32 Kilojoule Energie pro Mol ($6 \cdot 10^{23}$ Moleküle) frei. Das sind pro Molekül $5{,}3 \cdot 10^{-20}$ Joule und für die Gesamtmenge von 35 Kilogramm, die unser Körper täglich produziert, 2210 Kilojoule bzw. 527 Kilokalorien. Das entspricht der Energie, die wir für 22 100 Kniebeugen brauchen würden (s. Abschn. 1.1), an einem Tag also alle 4 Sekunden eine (Guiness-Buch der Rekorde?). Soviel Energie benötigt unser Körper allein in Form von ATP. Etwa ein Drittel davon braucht unser Gehirn, ein weiteres Drittel die Stoffwechselorgane und das dritte Drittel die autonomen Muskeln.

Zusammenfassung

Wir haben zwei der wichtigsten biologischen Energieumwandlungsprozesse besprochen, die Photosynthese als Voraussetzung für unsere Atmung und Ernährung sowie die Muskelkontraktion für unsere Bewegungen. In beiden Prozessen spielt das Molekül Adenosin-triphosphat (ATP) eine entscheidende Rolle. Wir erzeugen und verbrauchen davon, ohne es zu merken, täglich etwa die Hälfte unseres Körpergewichts. Die atomaren Strukturen der bei der Energieumwandlung beteiligten Makromoleküle sind heute noch nicht in allen Einzelheiten bekannt. Das beeinträchtigt aber nicht unser Verständnis von der Funktion der Moleküle und von ihren Energieumsätzen. Wenn wir im Gedächtnis behalten, wie die Energiewandler in den Abbildungen 6.1 und 6.3 aufgebaut sind und wie sie arbeiten, so haben wir die wesentlichen Grundprinzipien biologischer Energieumwandlung verstanden.

Seit einigen Jahren gibt es Versuche, die Photosynthese künstlich nachzumachen, das heißt, aus Wasser, CO_2 und Licht Kohlehydrate herzustellen. Anstelle der in den Pflanzen dabei beteiligten Enzyme werden anorganische Katalysatoren verwendet, um Wasser zu oxidieren und CO_2 zu reduzieren. Obwohl diese Versuche weltweit mit vielen hundert Millionen Dollar gefördert werden, ist bis heute noch kein nennenswerter Erfolg in Sicht. Auf diesem Gebiet lässt sich die Natur nicht so leicht nachahmen wie auf manchem anderen.

Nachwort

Wir sind nun am Ende unseres Streifzugs durch das Energieproblem angelangt. Für manche von Ihnen war es ein Weg durch teilweise unbekanntes Gebiet. Aber was wird in Erinnerung bleiben, wenn wir uns wieder anderen Dingen zuwenden? Ich will versuchen, das zusammenzufassen. Im Wesentlichen sollten wir drei Dinge im Kopf behalten:

1. Das Energieproblem besteht nicht darin, dass wir zu wenig Energie haben, sondern darin, dass wir nicht an jedem Ort, zu jeder Zeit und zu jedem Preis über die richtige Menge der gerade benötigten Energieform verfügen. Dieses Problem kann im Prinzip durch geeignete Umwandlung der verschiedenen Energieformen ineinander jederzeit und überall gelöst werden. Die Sonnenenergie ist das beste Beispiel dafür. Sie liefert uns zehntausendmal mehr, als wir brauchen.
2. Die Energiewandler müssen so konstruiert sein, dass sie einem fundamentalen Naturgesetz gehorchen, dem zweiten Hauptsatz der Thermodynamik. Wenn ein Erfinder Ihnen ein Gerät anbietet, das diesem Gesetz widerspricht, dann lassen Sie die Finger davon. Es wird nicht funktionieren. (Vorsicht: Solche Erfinder gibt es immer wieder!)
3. Die technischen Methoden und Geräte zur Energieumwandlung sind vielfältig. Wirkungsgrade und Kosten können in vielen Fällen verbessert werden: die Wirkungsgrade können erhöht, die Kosten gesenkt werden. Nur die Natur macht es bisher konkurrenzlos günstig. Aber auf technischem Gebiet gibt es für Erfinder und Konstrukteure noch viel zu tun. Hier wird man bestimmt nicht so schnell arbeitslos!

So gerüstet können Sie, wie schon im Vorwort erwähnt, getrost in jede Diskussion über das Energieproblem und die notwendige Energiewende gehen.

Zum Weiterlesen

T. Bührke und R. Wengenmayr (Hrsg.), »Erneuerbare Energie«, 3. Aufl., Wiley-VCH, Weinheim 2011

B. Diekmann und K. Heinloth, »Energie«, 2. Aufl., Teubner, Stuttgart 1997

K. Stierstadt, »Thermodynamik«, Springer, Heidelberg 2010

K. Stierstadt, »Atommüll – wohin damit?«, Harri Deutsch, Frankfurt/ Main 2010

R. Wolfson, »Energy, Environment and Climate«, Norton, New York 2008

WBGU (Wissenschaftlicher Beirat der Bundesregierung Globale Umweltveränderung), »World in Transition, A Social Contract for Sustainability«, WBGU, Berlin 2011

Stichwortverzeichnis

F

G

H